written by Lee, Jin Yong

Hair & Make-up

Illustration

CHUNG-KU Publisher

preface

21세기의 지식기반 사회는 프로정신과 새로운 직업의식을 지닌 창조적인 전문기술인을 요구하고 있다. 이는 그간 산업사회가 요구해 왔던 정형화된 지식과 기술만으로는 이제 더 이상 생존할 수 없음을 의미한다. 이에 따라 각 대학에서는 이러한 시대적 요구에 걸맞는 인재를 만들어 내기 위해 미용학과를 개설하였으며, 현재 비약적인 발전을 거듭하고 있다.

뷰티 일러스트레이션은 이렇게 발전하고 있는 미용예술 중에서 가장 기초적인 분야로서 아티스트의 미적 감각을 향상시킴과 동시에 미용예술 분야의 패턴 및 감각을 익히는데 필수적인 학문 분야이다.

이렇듯 미용예술 분야에 꼭 필요한 뷰티 일러스트레이션은 헤어와 메이크업 등 뷰티 디자인의 기획과정으로서, 예상되는 작품을 지면에 연출해 보는 기획력과 예술적 감각을 학습시키는 중요한 과정으로 선과 터치, 명암과 그라데이션 등 얼굴의 구도 및 이목구비의 데생 연습과 헤어 스케치를 연습함으로써 얼굴과 헤어의 콘티를 작성할 수 있는 감각을 기를 수 있게 되는 것이다.

따라서 이 책에서는 처음 일러스트레이션을 시작하는 사람들을 위해 기초적인 연필 다루는 법부터 작품을 위한 시안작성까지 다양하게 단계적으로 정리하였으며 보다 다양한 참고 작품을 통해 일러스트레이션을 공부하는 사람들에게 도움이 되고자 하였다.

책이 나오기까지 창조적인 전문기술인이라는 인재를 육성하는데 조금이나마 기여했으면 하는 바람으로 많은 고민과 연구를 하였으나 부족한 점이 많았음을 절감한다. 이러한 점들은 앞으로 시대의 변화에 따라 위해 끊임없이 연구·노력하여 수정·보완해 나갈 것을 약속드리며 미용예술 분야를 시작하는 사람들과 미용예술 분야의 패턴을 연구를 하는 사람들에게 작은 도움이 되길 바란다.

끝으로 이 책이 출판되기까지 많은 격려와 도움을 주신 靑丘文化社의 李相泰 사장님과 청구문화사 가족들에게 진심으로 감사드린다.

2018년 3월

이진용 識

contents

일러스트레이션의 개념

Illustration이란 본래의 의미로는 시각적으로 어떤 의미를 전달하거나 내용을 암시하기 위해 사용되는 삽화·사진·도안 등의 총칭을 의미하며 넓은 의미로는 시각디자인의 그림, 사진, 도표 등 모든 비문자적 표현을 의미하지만 일반적으로는 시각디자인의 내용전달을 위한 회화적 표현으로 이해된다. 하지만 현대에는 보조적인 기능을 떠나서 독립된 하나의 작품으로서도 평가받는다.

Illustration은 사진이나 도안 등이 등장하기 이전에는 주로 삽화를 가리켰는데, 그 경우 일러스트레이션의 역사는 고대 이집트의 〈사자(死者)의 서(書)〉에까지 소급될 수 있다. 그리스도교의 출현 이후 일러스트레이션은 사본장식(illumination)으로 발전하기 시작해서 15세기초의 〈베리공(公)의 호화로운 기도서〉에서는 사본예술의 정점에 도달한 듯한 완결성을 보여주고 있다.

15세기 중엽의 활판인쇄술의 발명으로 삽화는 목판이나 동판 또는 석판으로 제작되었으며 16세기에는 목판일러스트레이션의 황금기를 맞았다. 이때는 화가와 판각(版刻)을 맡은 조사(彫師)가 분업으로 대량생산의 요구에 맞추어 삽화를 제작했다. 또 과학적 목적을 위한 일러스트레이션이 나타났는데 이것은 실제 시각경험에 근접하는 그림으로서 기술적·자연주의적 태도를 취했으며 예술적 성취도 동시에 이루었다. 17, 18세기의 스위스의 메리안 가족이 그린 동, 식물 일러스트레이션은 오늘날 그 기록성보다도 예술성을 더 평가받고 있다. 19세기 후반에는 사진제판이 실용화되면서 삽화는 각종 인쇄기술을 활용했는데 현대에는 언어표현에 종속적이던 삽화의 한계를 넘어 그 자체로서 독립된 예술임을 주장한다.

오늘날 일러스트레이션은 디자인·광고 등에 널리 활용되면서 현대미술에서 중요한 영역을 차지하고 있으며, 현재 이미 다양한 분야가 정착되어 있는 독자적인 미술장르이다. 순수미술과 상업미술의 경계를 넘나드는 일러스트레이터들은 창조적 아티스트인 동시에 민감한 유행의 전달자인 것이다.

아울러 헤어 & 메이크업 일러스트레이션은 미용 예술 분야의 가장 기초적인 분야이며 미용 예술을 시작하는 사람들에게 정확한 인체의 골격과 근육 등을 이해하는데 도움이 되며 아티스트의 미적 감각을 향상시키는 작업으로 미용 예술을 공부하는 사람들에게 미용 예술 분야의 패턴 및 감각을 익히는데 도움이 될 것이다.

1

기초소묘

1. 연필에 의한 기초소묘
2. 양감(입체감)
3. 얼굴의 골학과 근학
4. 얼굴의 프로포션

1. 연필에 의한 기초소묘

1) 연필(pencil)

연필의 종류는 9H~8B까지 있고 용도에 따라 다양하게 사용된다. H는 하드 펜슬로 숫자가 커질수록 단단하고 B는 소프트 펜슬로 숫자가 커질수록 무르다. 일반적으로 흐리게 윤곽을 표현할 때는 4B를 사용하지만 디테일(detail)한 표현은 B, 2B를 많이 사용하며 H, 2H는 밝은 톤의 표현에 적합하다. 면의 조직, 방향감, 질감 등을 나타내기 위해서는 연필선의 방향, 필압, 굵기 등을 다양하게 적절히 조절하며 사용하면 효과적이다.

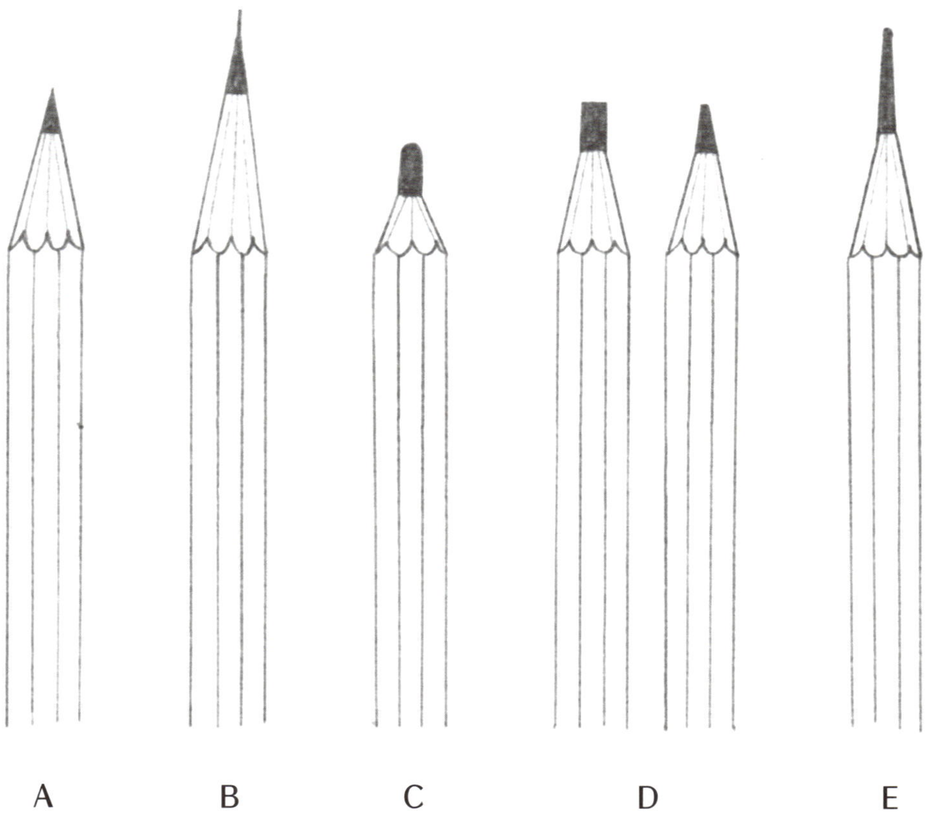

A. 일반적인 것
B. 세밀한 작업에 적합
C. 거친 스케치에 적합
D. 가장 굵은 선이 그어진다.
E. 화면 전체를 톤으로 정리할 때 적합

2) 명도 단계

명도란 색의 밝고 어두운 정도를 말하며 무채색·유채색에 모두 있다. 또한 인간의 눈은 색의 3속성 중 명도에 대한 감각이 가장 예민하며, 색상, 채도 순이다.

A. 명도 단계는 11단계로 구분되는데, 검정은 0으로서 제일 낮고 흰색은 10으로서 명도가 제일 높다.

B. 11단계로 나눈 명암단계를 단계의 구분 없이 그라데이션 시키는데 일러스트레이션에서는 무엇보다 그라데이션이 중요하다.

3) 다양한 선의 운용(運用)

조형요소의 하나인 선은 모든 형태의 기본이 되는 동시에 다양한 표현을 담아내는 중요한 요소이다. 연필 선의 경우 필압·속도에 따라 선의 변화가 이루어진다. 굵기의 변화가 전혀 없는 듯한 선과 변화가 심한 선을 모두 경험해 보면서 독창적이며 개성적인 선의 느낌을 표현해보자.

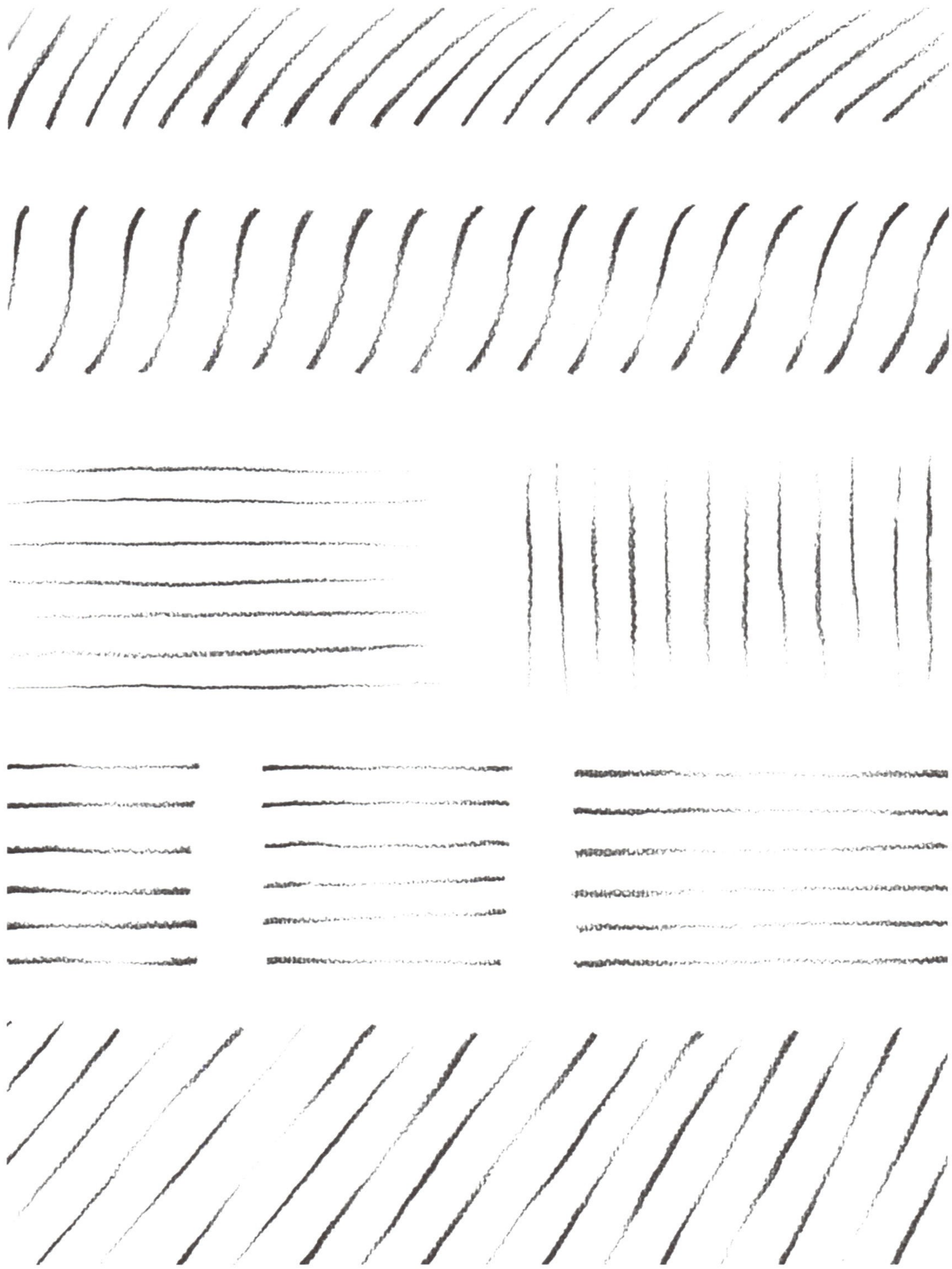

4) 필압 조절

필압을 적절히 조절하면 부드러운 선에서 강한 선까지 다양하게 표현할 수 있다. 필압과 필세는 자신이 원하는 효과를 나타내기 위한 수단으로, 소묘에서 가장 기본적인 요소이다.

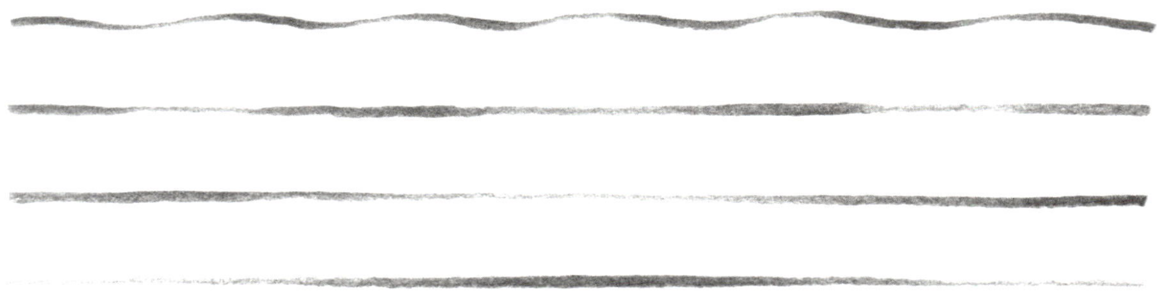

필압에 변화를 주어 그린 선과 면

약한 필압

약한 필압으로 그린 부드러운 톤

보통 필압

보통 필압으로 그린 부드러운 톤

강한 필압

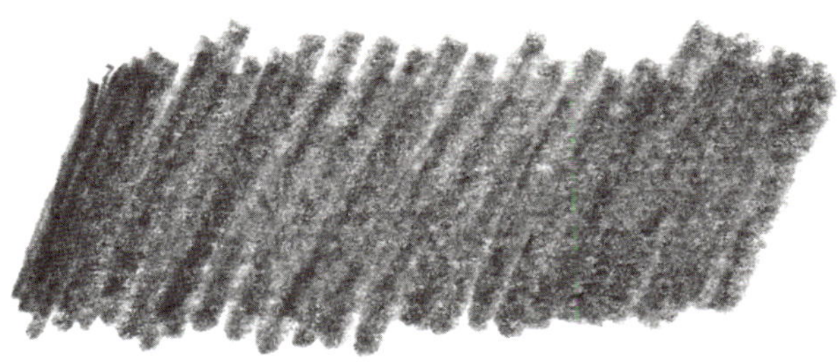

강한 필압으로 그린 진한 톤

5) 연필의 사용

톤의 농도는 필압으로 조절하지만 선의 굵기는 연필의 쥐는 방법으로 조절할 수 있다. 연필을 눕혀서 약한 필압으로 그리는 것이 일반적인 방법으로 초기의 윤곽선을 그릴 때나 음영을 대강 메우는 데 유용하다.

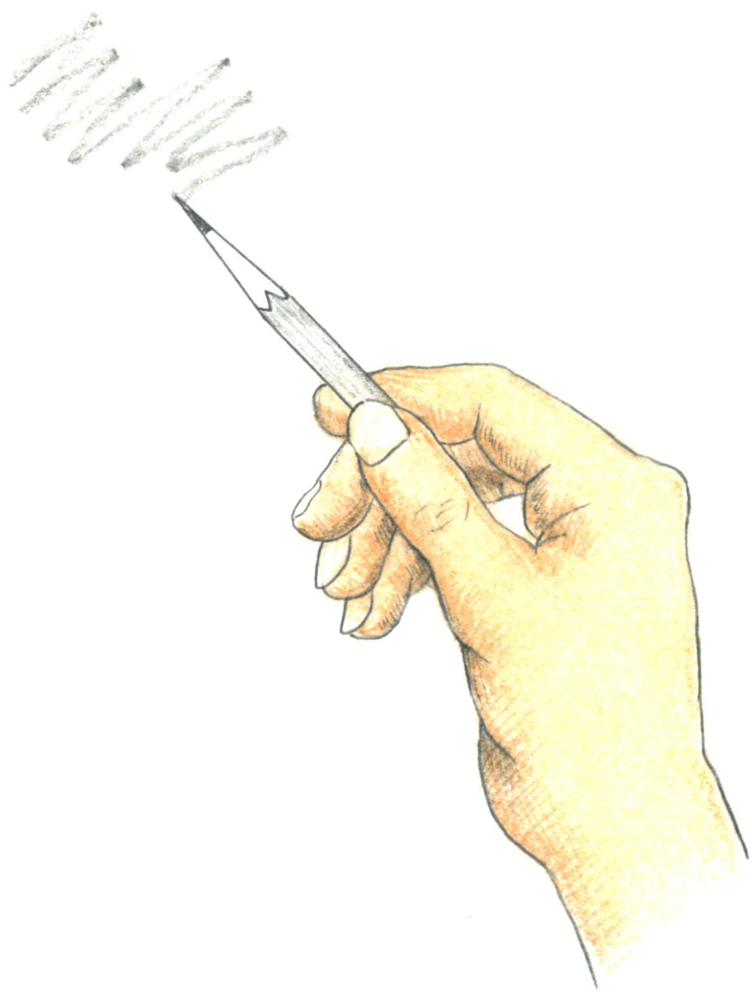

눕혀서 사용하기 : 굵은 선이나 넓은 음영을 표현할 때

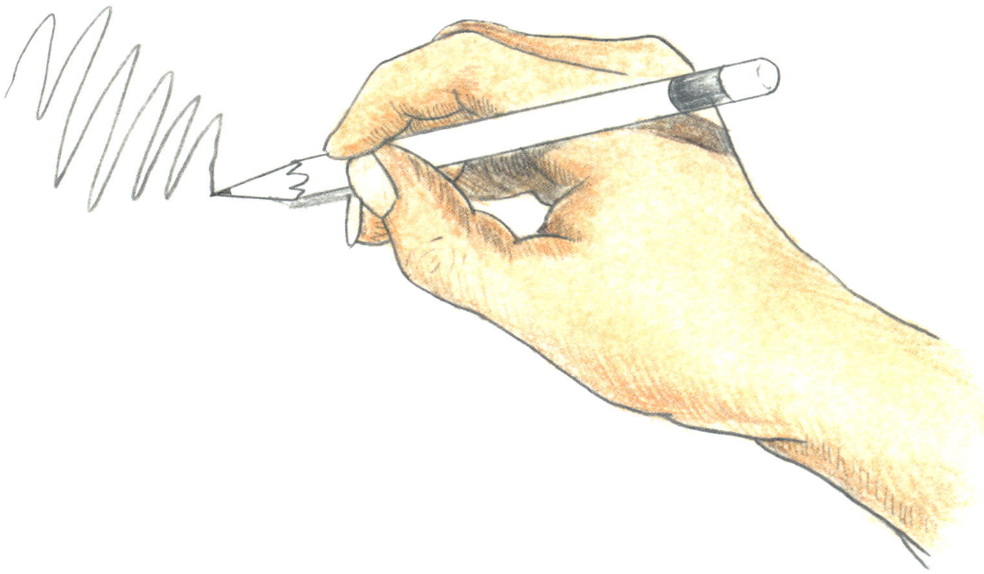

세워서 사용하기 : 헤칭을 할 때나 가는 선을 표현할 때

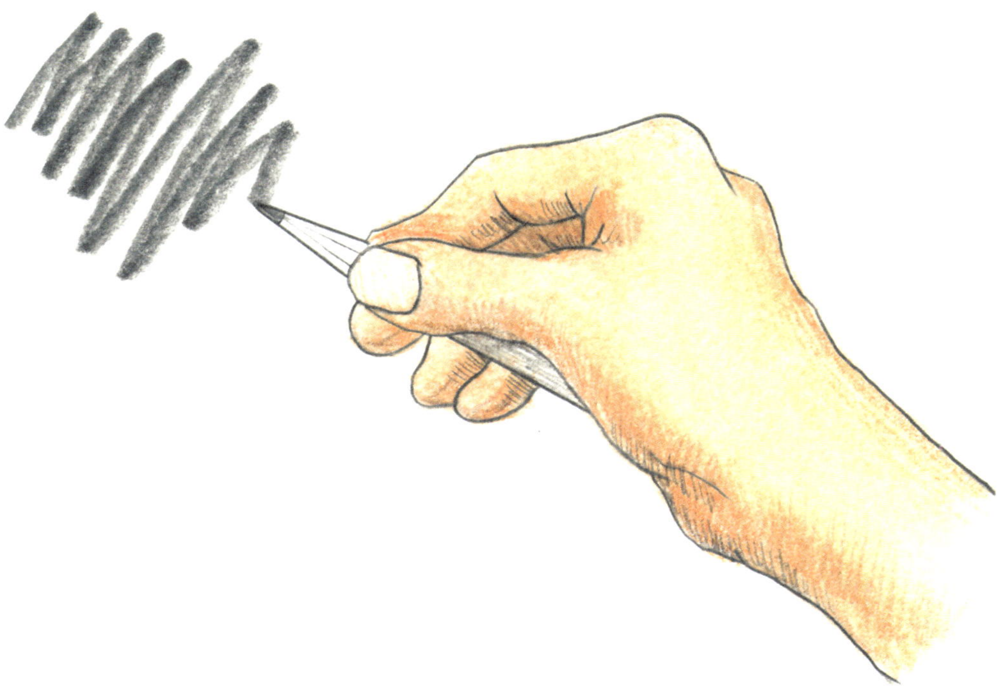

연필 끝 쥐기 : 폭이 넓고 강한 음영을 표현할 때

6) 연필 다루는 방법

아래 그림은 연필을 손질하는 방법이다. A와 B는 연필을 깎는 방법이며, C는 연필을 깎은 후 연필심을 다듬는 방법이다. 나무토막 위에 가는 입자의 사포를 씌워서 문지르는데 이 때 한쪽 면만 문지르면 넓은 면적을 칠할 수 있는 심이 되며, 돌려가면서 문지르면 날카로운 형태를 만들 수 있다. 어느 쪽이든 용도에 맞게 다듬어서 쓰도록 한다.

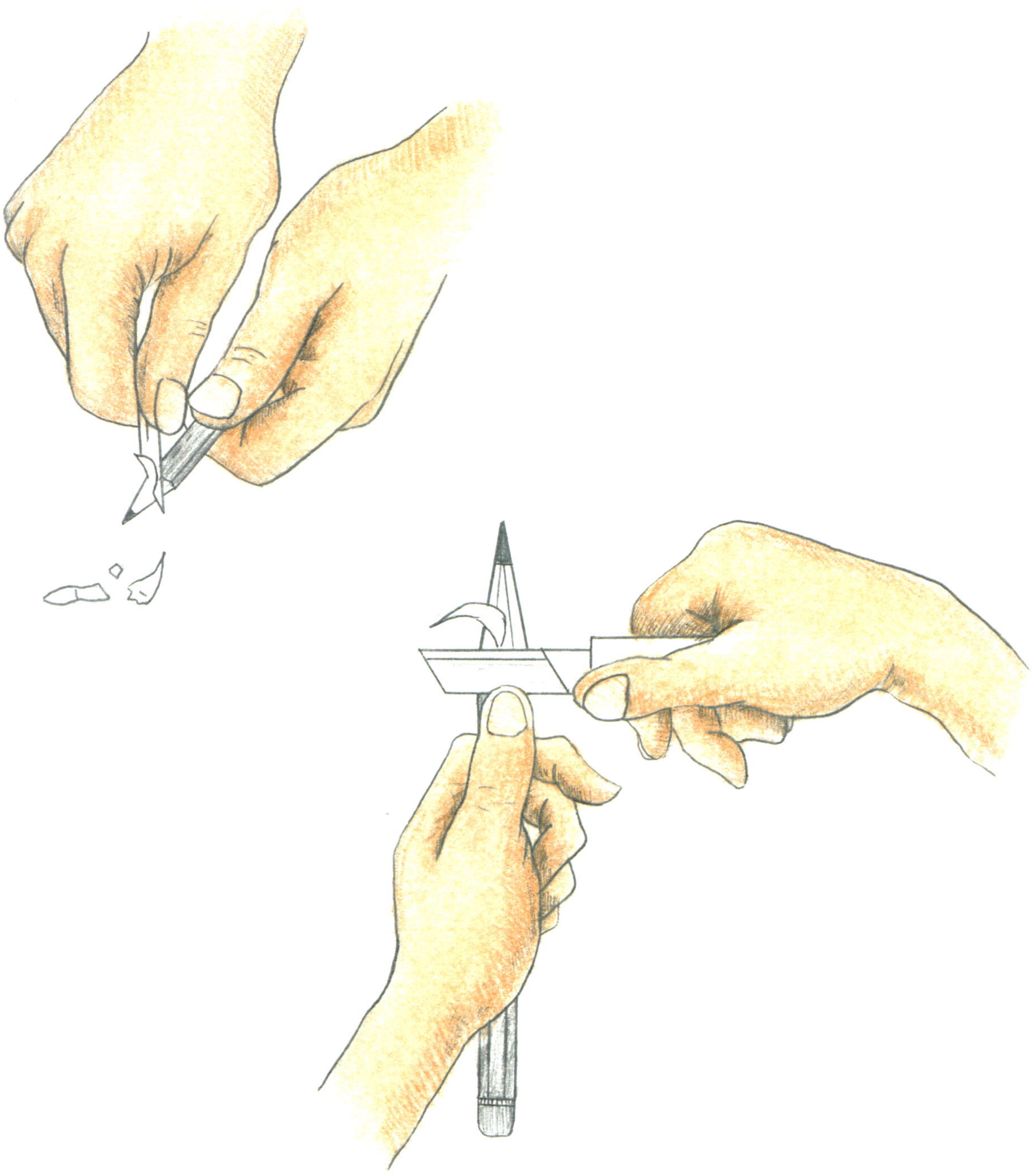

A. 일반 칼로 연필을 깎는 모습

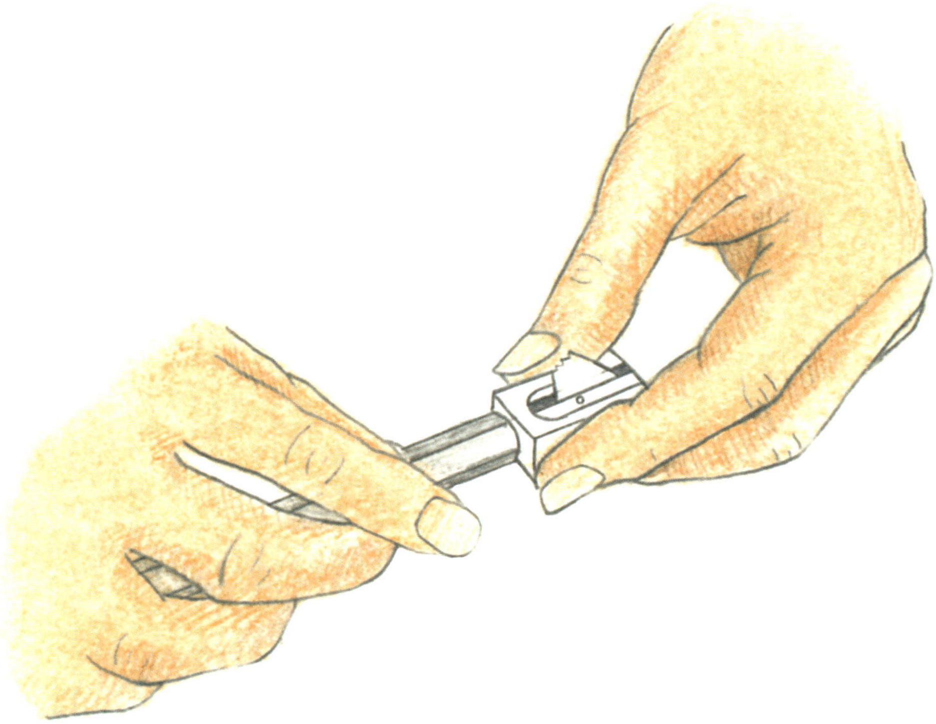

B. 연필 깎기로 연필을 깎는 모습

C. 사포에 연필심을 가는 모습

7) 지우개(Rubber)

지우개는 부드러운 것부터 딱딱한 것 등 다양하게 있으며, 일러스트레이션에서는 부드러우면서 용지의 표면이 손상되지 않고 잘 지워지는 것이 바람직하며, 불필요한 부분의 제거나 밝은 톤 처리에 사용된다. 지우개를 뾰족하게 만들어 마치 지우개로 그림을 그린 듯 한 효과를 내거나 지우개를 둥글게 눌러 밝은 톤 처리를 한다.

지우개의 날카로운 면을 활용

지우개의 넓은 면을 활용

지우개의 그라데이션 효과

지우개로 찍어내기

2. 양감(입체감)

모든 입체는 빛에 의하여 양감이 드러난다. 입체감을 잘 표현하기 위해서는 대상에 비치는 빛의 양에 따라 만들어지는 음영의 상태를 예리하게 포착하는 시각과 이를 표현하는 테크닉이 매우 중요하다. 사물의 물리적 윤곽선보다 명암의 경계에 의해 나타나는 윤곽선을 포착하는 것은 입체감을 위주로 형태를 묘사하는 좋은 테크닉이다. 따라서 빛에 의한 물체의 명암 표현을 잘하는 것이 중요하다.

1) 명암의 단계

(1) 사물의 명암단계

같은 면이라도 방향과 거리에 따라 명암이 달라진다. 가까운 곳은 먼 곳보다 명암의 대비가 심하다.

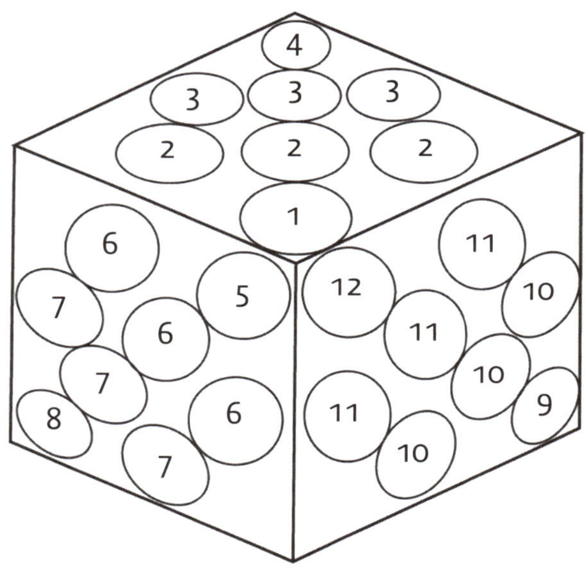

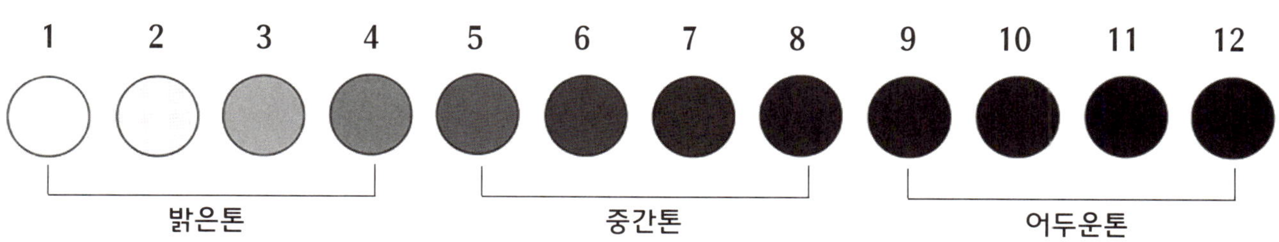

(2) 그림자의 명암단계

그림자는 물체와 접한 부분이 가장 어둡게 보인다. 그림자의 경계선 역시 물체와 가까운 부분은 매우 선명하고 어두우나 물체로부터 멀어질수록 흐릿해진다.

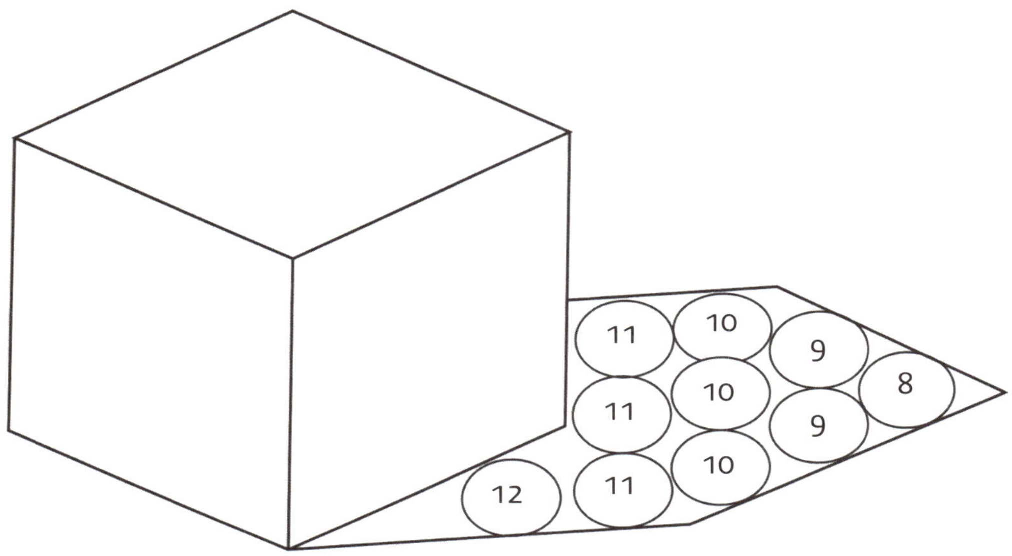

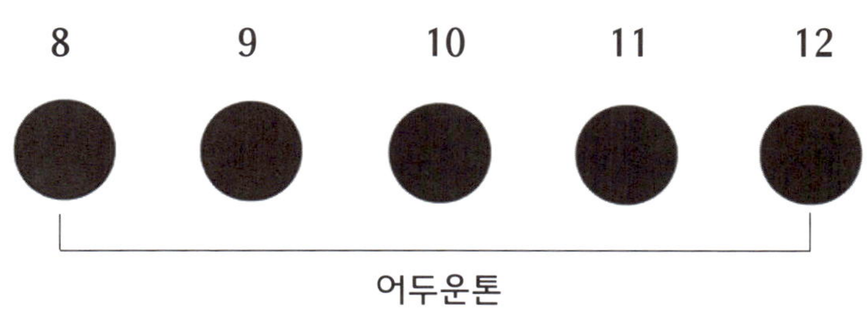

(3) 색과 톤의 관계

실제 사물을 그릴 때 가장 주의해야 할 점은 물체의 표면이 동일한 색이 아니라는 점이다. 색으로 표현하는 것이 아니라면, 이 때는 빛에 의해 생겨나는 명암과 함께 물체가 가지고 있는 고유색에 의한 명암까지 연필의 톤으로 표현할 수 있어야 한다. 즉 다양한 색을 흑백 톤으로 전환시킬 때 아래에 예시된 것처럼 명도가 적용됨을 이해하고 있어야 한다.(실제 사물을 흑백사진으로 찍었다고 생각하고 표현한다.)

2) 양감의 표현

실제의 양을 말하는 것이 아니라, 시각적으로 느껴지는 양을 말한다. 형태와 관계가 깊으며, 둥근 형태가 직선적인 형태보다 양감이 크게 느껴진다.

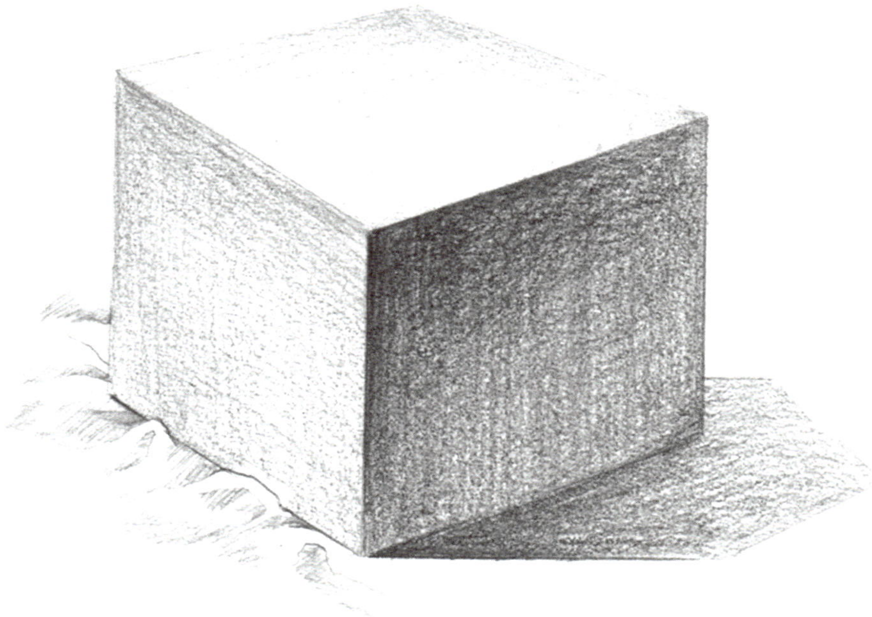

육면체의 양감표현

구의 양감표현

양감 표현의 진행 과정

A

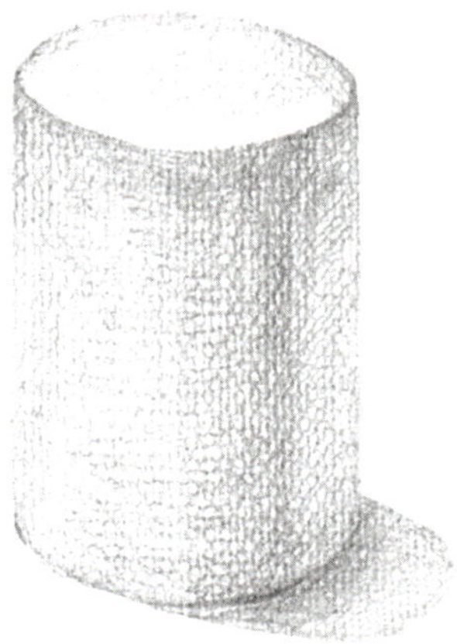

B

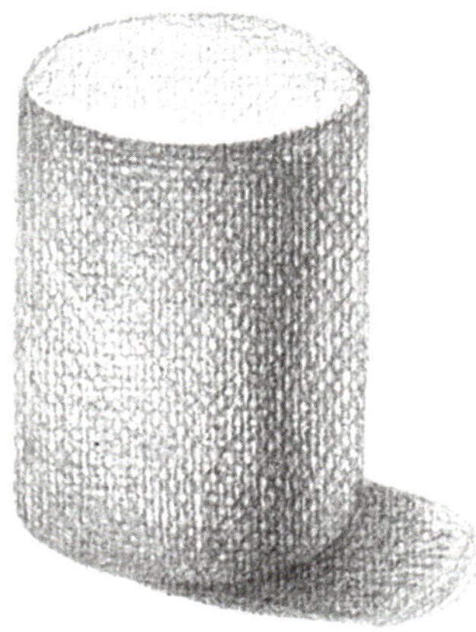

C

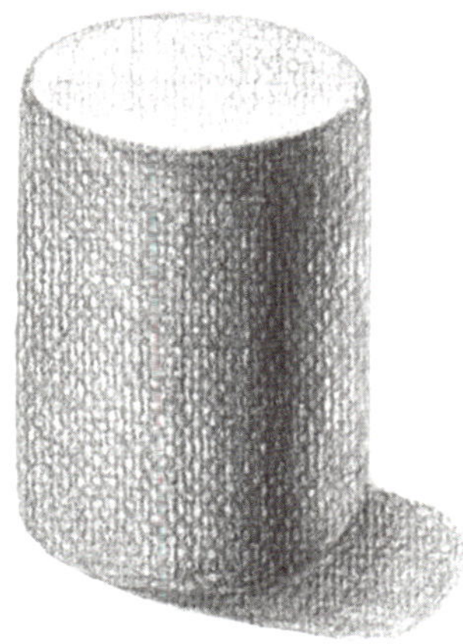

A

B

C

A. 전체적인 형태를 잡고 밝은 곳과 어두운 곳의 명암을 구분한다.
B. 형태를 정리하면서 명암의 톤에 신경쓴다.
C. 전체적인 톤을 생각하며 완성한다.

3. 얼굴의 골학과 근학

'일러스트레이터들이 왜 해부학을 배워야 하는가?'라는 의문에 대하여 명쾌한 대답을 하기란 무척이나 곤란하다.

일러스트레이터에게 있어 해부학에 의한 형태의 분석은 가뭄에 내리는 단비와 같이 필수적인 것임에 반하여, 인체 해부학을 기초로 한 미술 해부학의 필요성을 알지 못하는 일러스트레이터에게는 매우 혼란스럽고 쓸모 없을 수도 있을 것임에 틀림 없다.

인체 해부학을 기초로 한 미술 해부학의 필요성은 결국 작가 본인의 마음에 달려 있는 것으로 강제로 요구할 수 있는 것은 아니기 때문이다. 그러나 일러스트레이터에게 있어서는 어떤 사물을 깊이 음미하여 보게 되고 그를 통하여 인체를 응시하게 되며, 그에 따라 인체가 갖는 매력에 감동하여 그 구조에 말할 수 없이 매료되어 끌려 들어가게 된다.

이러한 인체가 갖는 움직임에 감동된 안목으로서 다시 한번 보게 된다면 지금까지 보이지 않았던 깊은 구조까지도 볼 수 있는 눈을 갖게 되는 것이다. 즉, 미술 해부학을 배우는 근본 목적은 '볼 수 있고, 보여진다'는 심미안을 지니게 된다는 것이다.

1) 두개골

여러 개의 뼈로 구성되어 있으며, 뇌와 몇가지 감각기관을 보호한다. 위턱은 두개골의 일부이지만 아래턱은 두개골이 아니다. 뇌가 들어 있는 부분인 사람의 두개(cranium)는 공 모양이며 얼굴에 비해 큰 편이다. 그러나 대부분의 동물에 있어서는 윗니와 코가 있는 두개골의 안면부가 두개보다 더 크다. 사람의 두개골은 환추골이라는 맨 위의 척추골이 받치고 있어 머리를 끄덕거릴 수 있다. 환추가 축추(axis)라고 하는 바로 밑의 척추골 위에서 회전할 수 있기 때문에 사람은 머리를 좌·우로 돌릴 수 있는 것이다.

사람의 두개 아래쪽에는 후두골이 있으며, 그 중앙에 있는 큰후두구멍을 통해 척수가 나간다. 두정골과 측두골은 두개의 둥근 천장을 형성하며 전두골은 이마를 형성한다. 두개골 아래 부분은 접형골과 사골로 구성된다. 안면부에는 권골이 있으며, 이것은 측두골과 결합하여 안와 아래에 있는 권골궁·구개골·상악골을 형성한다. 콧구멍은 서골에 의해 나뉘며 비골·누골·비갑개골로 이루어져 있다. 어린아이 때는 두개골을 형성하는 뼈들 사이의 봉합이 느슨하지만 나이를 먹음에 따라 각 뼈는 단단하게 결합된다. 많은 포유동물은 두개골 중앙 밑에 시상릉(sagittal crest)이 있으며, 이는 턱을 닫히게 하는 측두근에 또 하나의 연결부위를 마련해 준다.

2) 안면근육

얼굴에는 많은 근육들이 있어 이 근육들로 인해 우리의 얼굴 표정이 좌우된다. 따라서 얼굴에 있는 근육들의 움직임을 이해한다면 보다 쉽게 우리의 얼굴을 표현하는 계기가 될 것이다. 또한 우리 얼굴에는 많는 근육들이 있는데 크게 두 가지로 나눌 수 있다. 하나는 눈 주위에 있는 근육(안륜근)이고, 다른 하나는 입 주위에 있는 근육(구륜근)이다. 안륜근은 눈구멍의 전면을 차지하고, 구륜근은 입술과 뺨 근처에서 시작된다. 전두근은 전두골을 싸고 있고, 추미근은 눈썹 중심선에서 약간 기울어져 있는 옥수수 형태의 작은 근육이다. 또한 교근은 턱의 근육을 말하며, 이 근은 두 개의 옥수수를 붙여놓은 모양의 근육으로서 아랫입술과 턱의 중간 아래쯤에서 턱의 가운데로 나와있다.

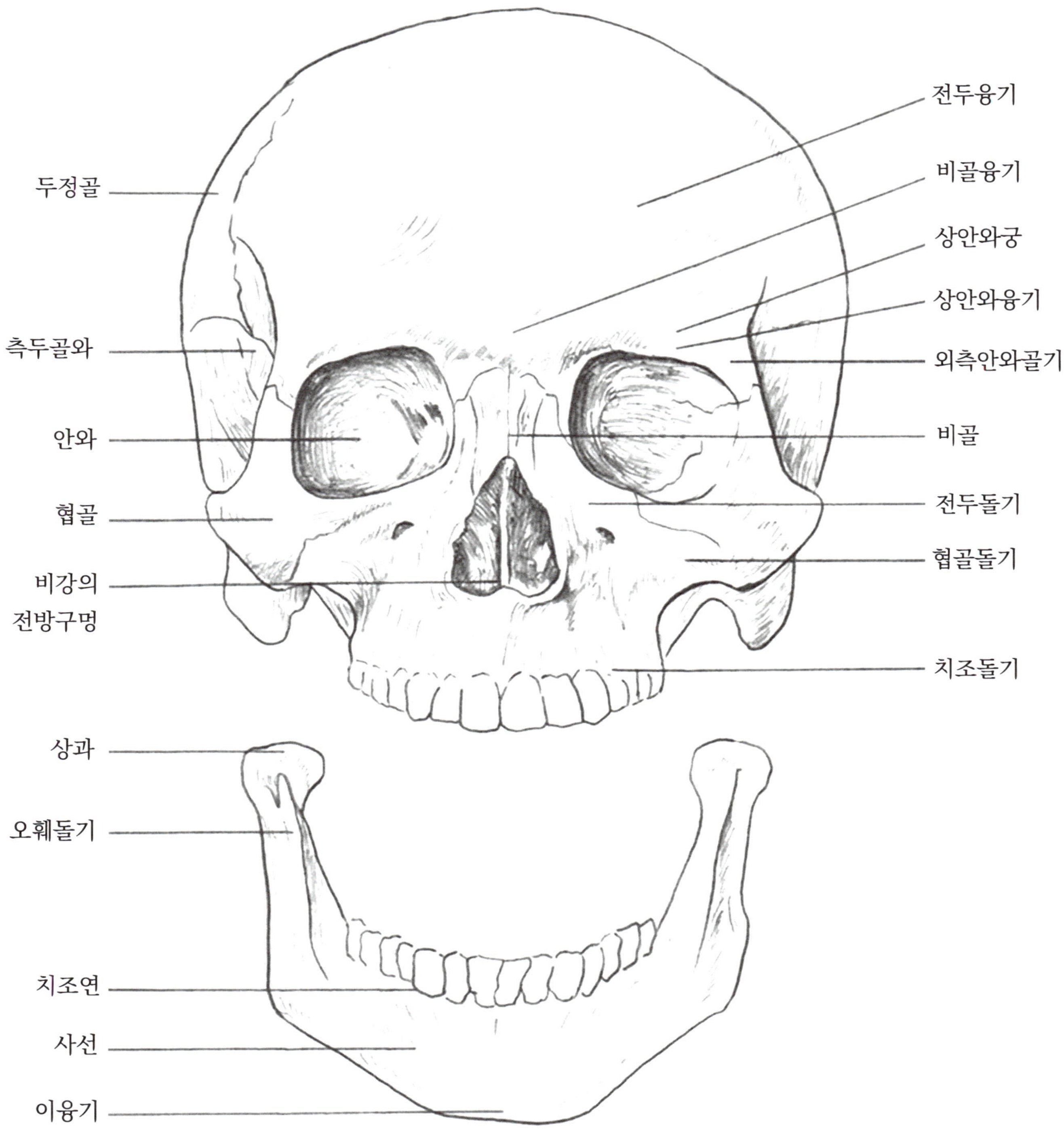
전두융기
비골융기
상안와궁
상안와융기
외측안와골기
비골
전두돌기
협골돌기
치조돌기
두정골
측두골와
안와
협골
비강의
전방구멍
상과
오훼돌기
치조연
사선
이융기

두개골(정면)

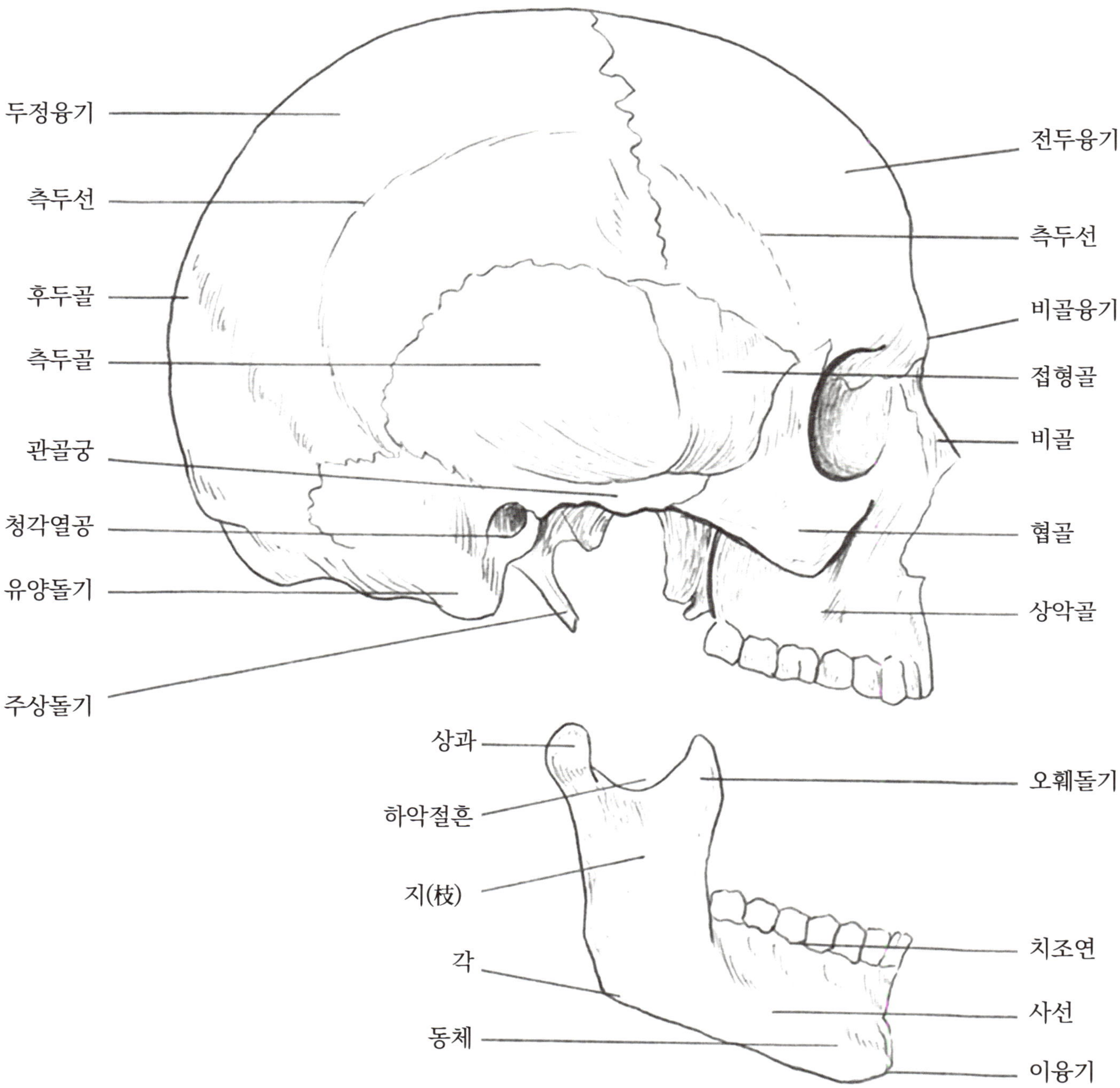
두정융기
측두선
후두골
측두골
관골궁
청각열공
유양돌기
주상돌기
전두융기
측두선
비골융기
접형골
비골
협골
상악골
상과
하악절흔
지(枝)
각
동체
오훼돌기
치조연
사선
이융기

두개골(측면)

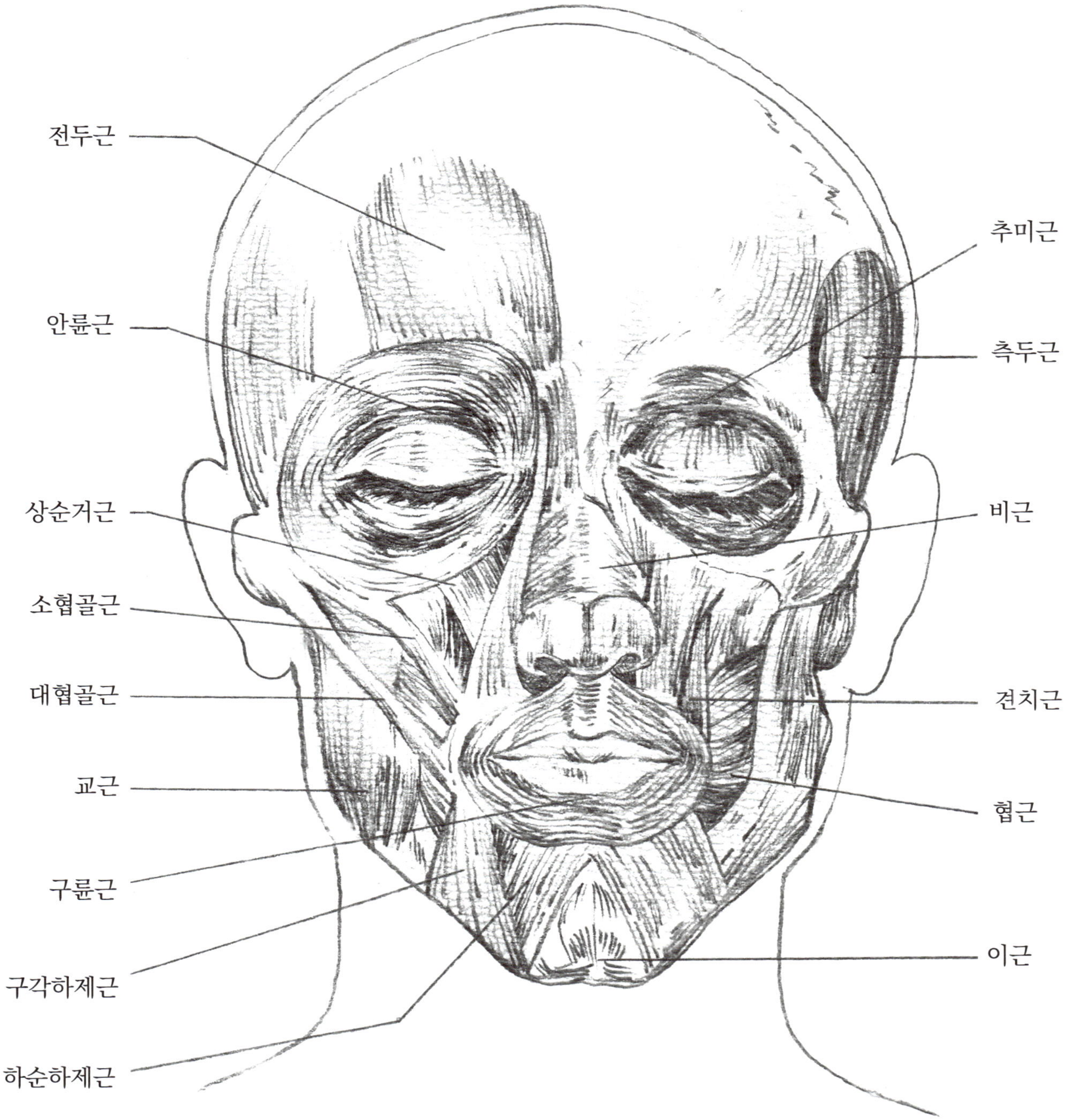

안면근육

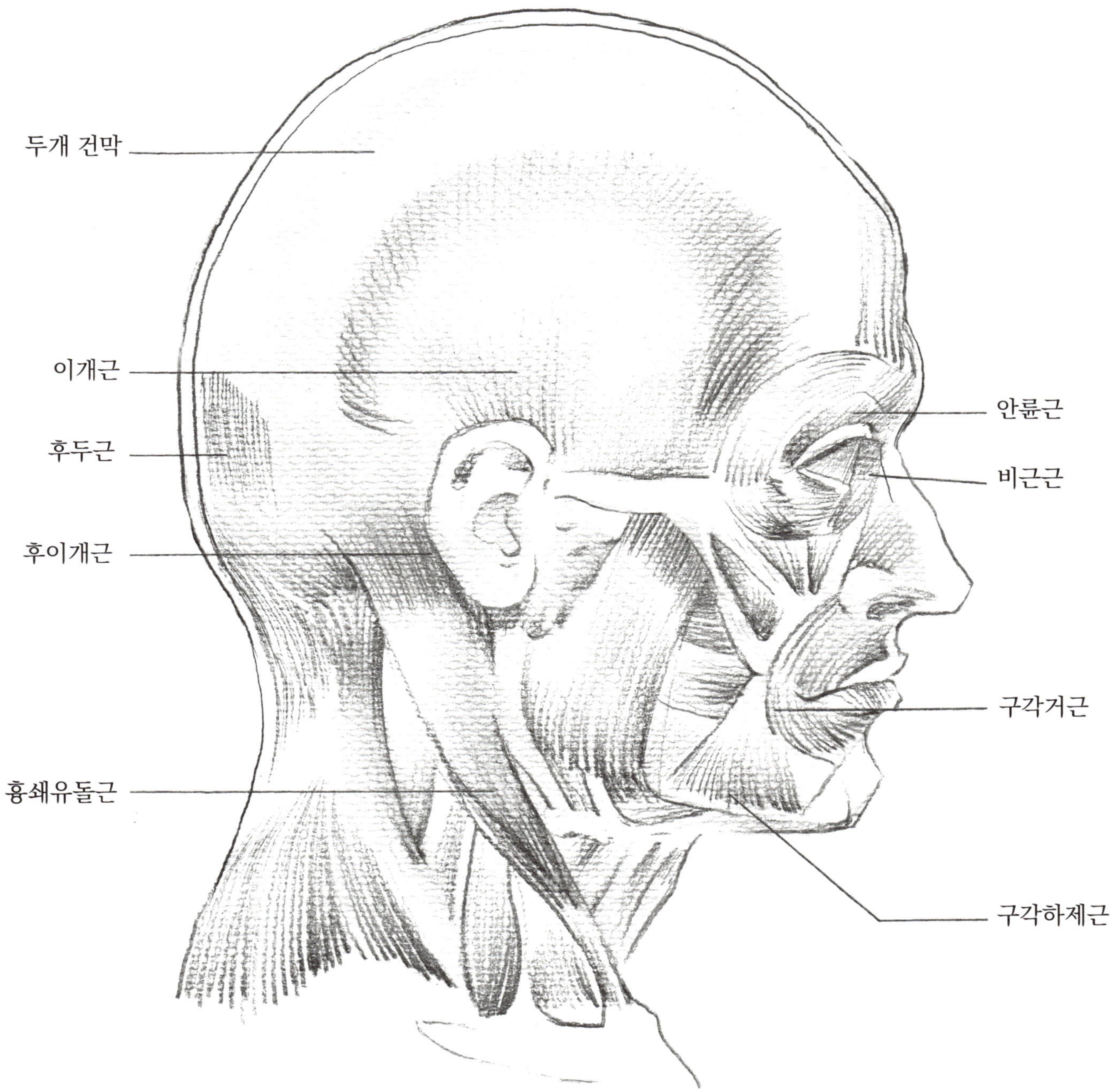

측면근육

4. 얼굴의 프로포션

1) 여성

여성 얼굴에 있어서 기본형은 우선 정면의 경우 계란형으로 윤곽을 그리고, 폭을 2등분, 길이를 4등분해서 눈, 코, 입의 위치를 정한다. 사면일 경우는 얼굴의 폭이 정면보다 약간 넓고 좌우 얼굴 면적도 다르게 보이므로 주의해서 그린다. 측면일 경우는 윤곽의 폭을 정방형에 가깝게 그린다.

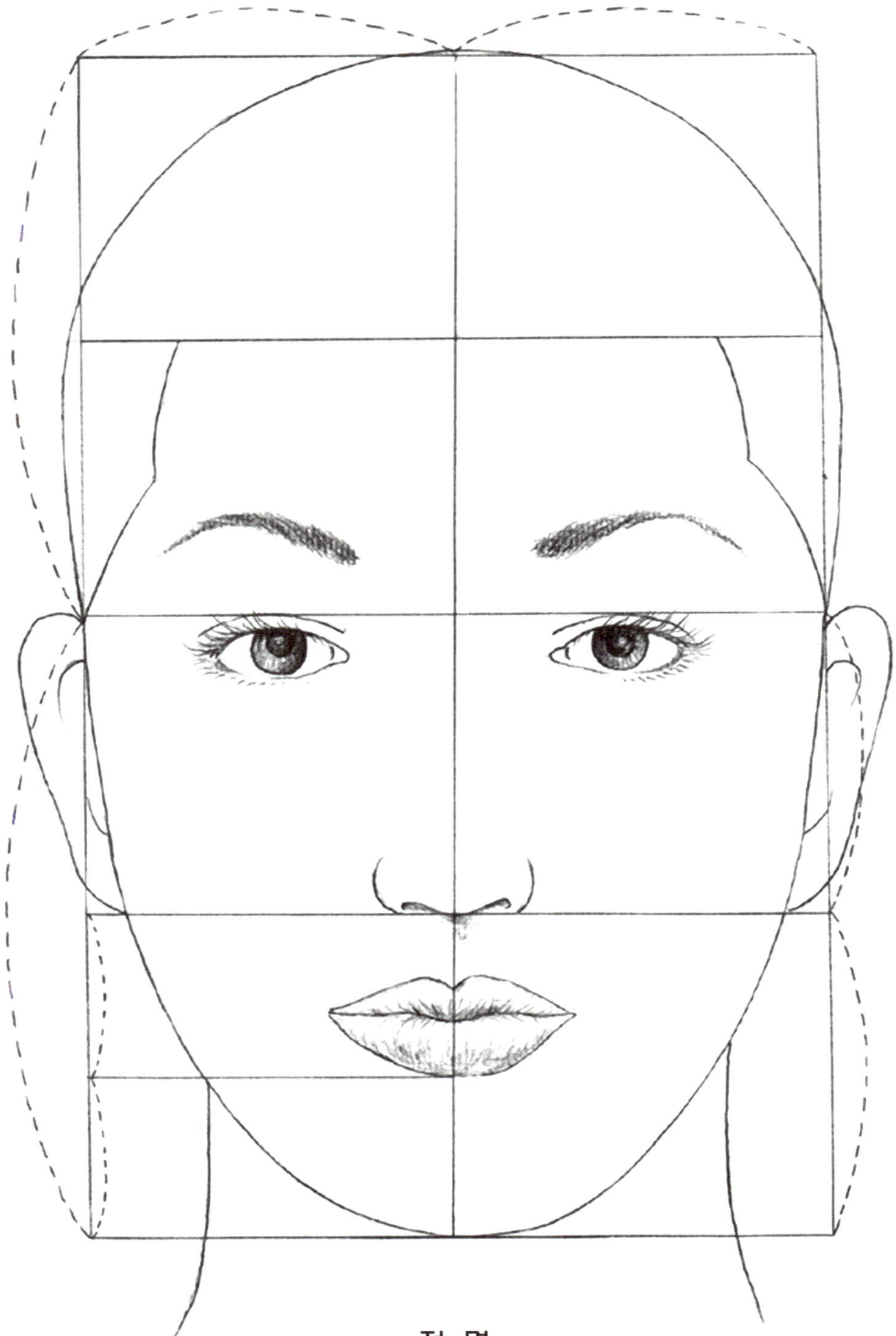

정 면

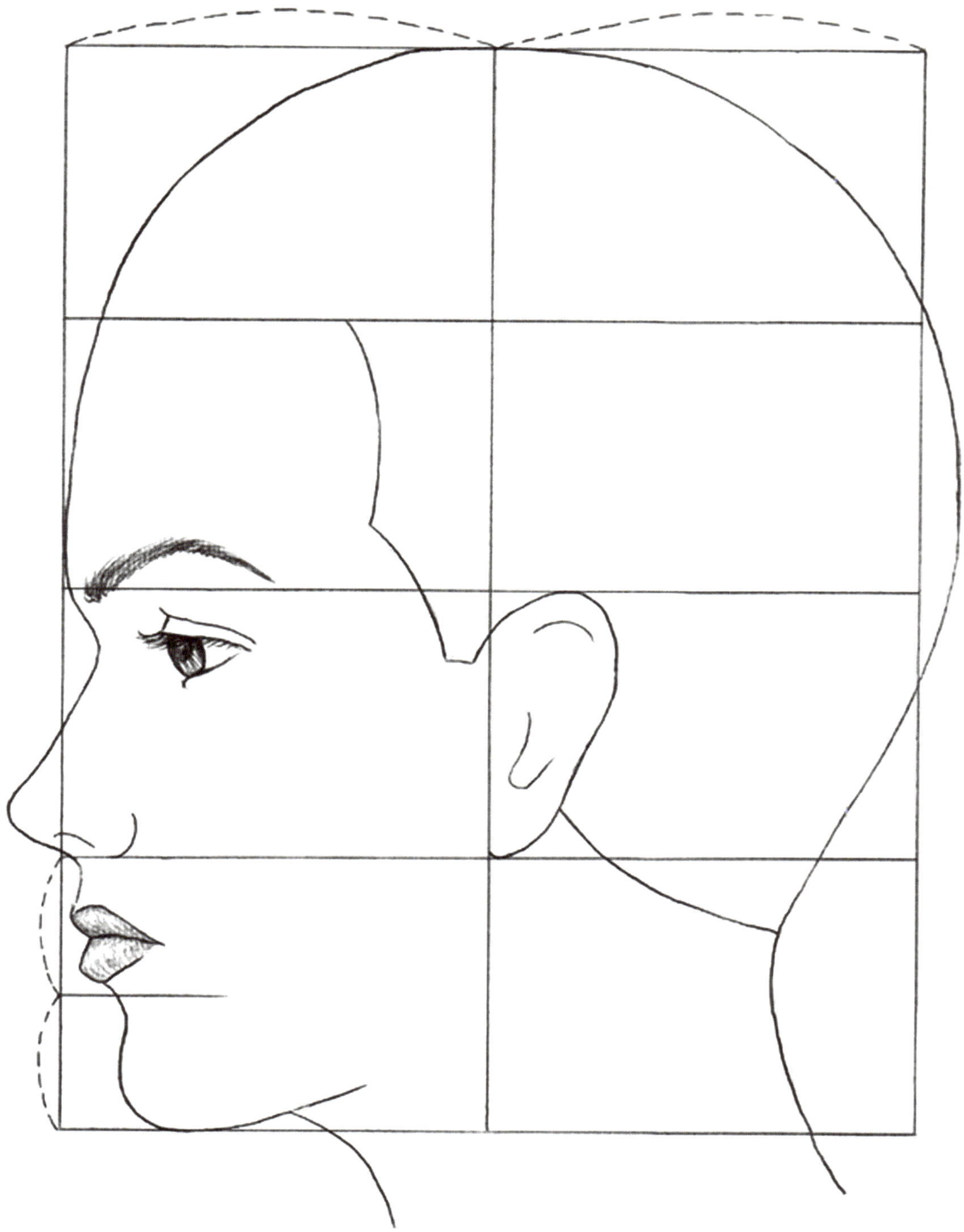

측 면

2) 남성

남성의 경우도 여성의 프로포션과 같지만 남성다움의 느낌을 나타내기 위해 턱의 길이를 약간 길게 그리고 폭도 넓게 그린다. 눈썹도 굵게 그리고 전체적으로 여성과는 차별화 되는 것을 고려하여 남성다움을 강조한다.

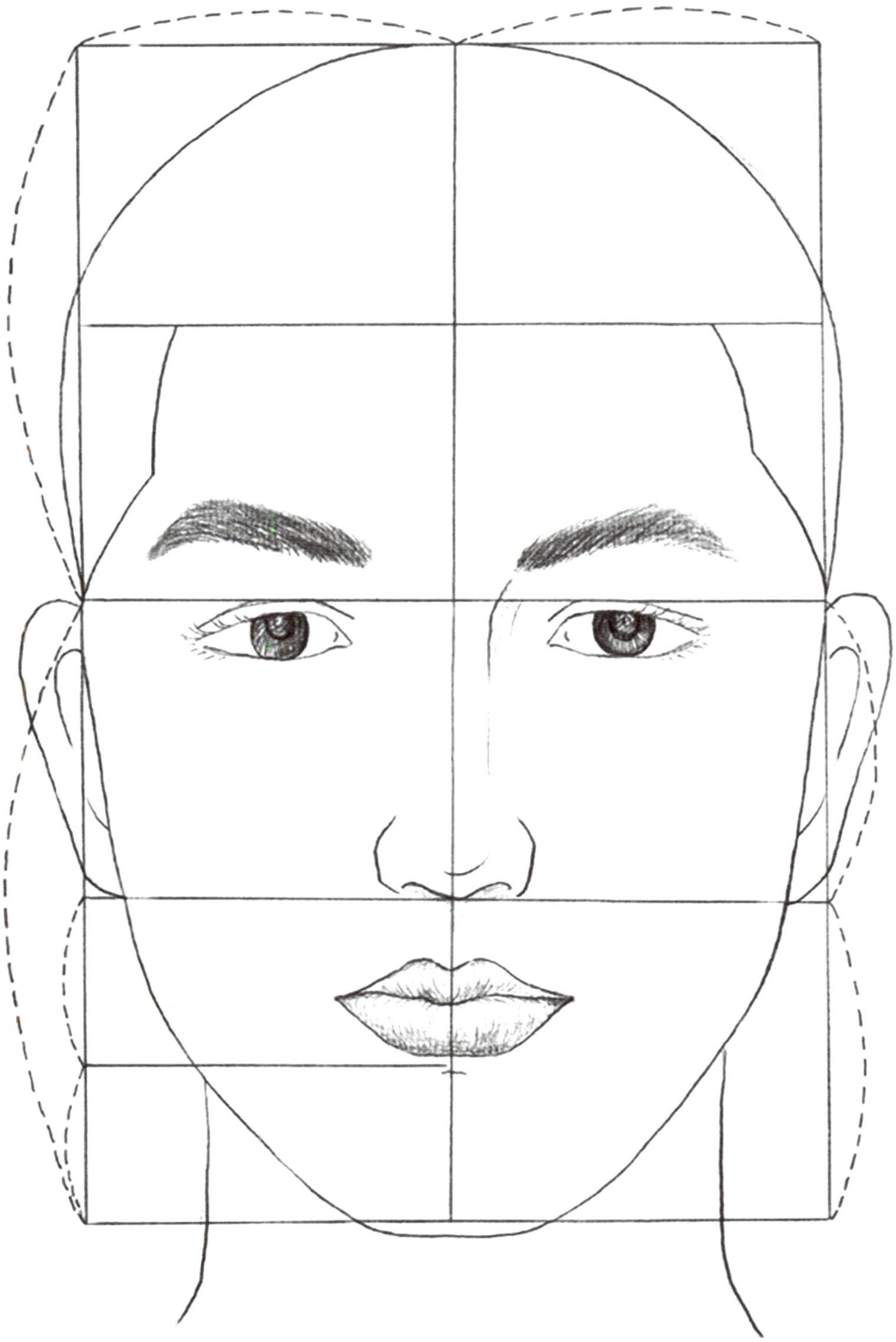

정 면

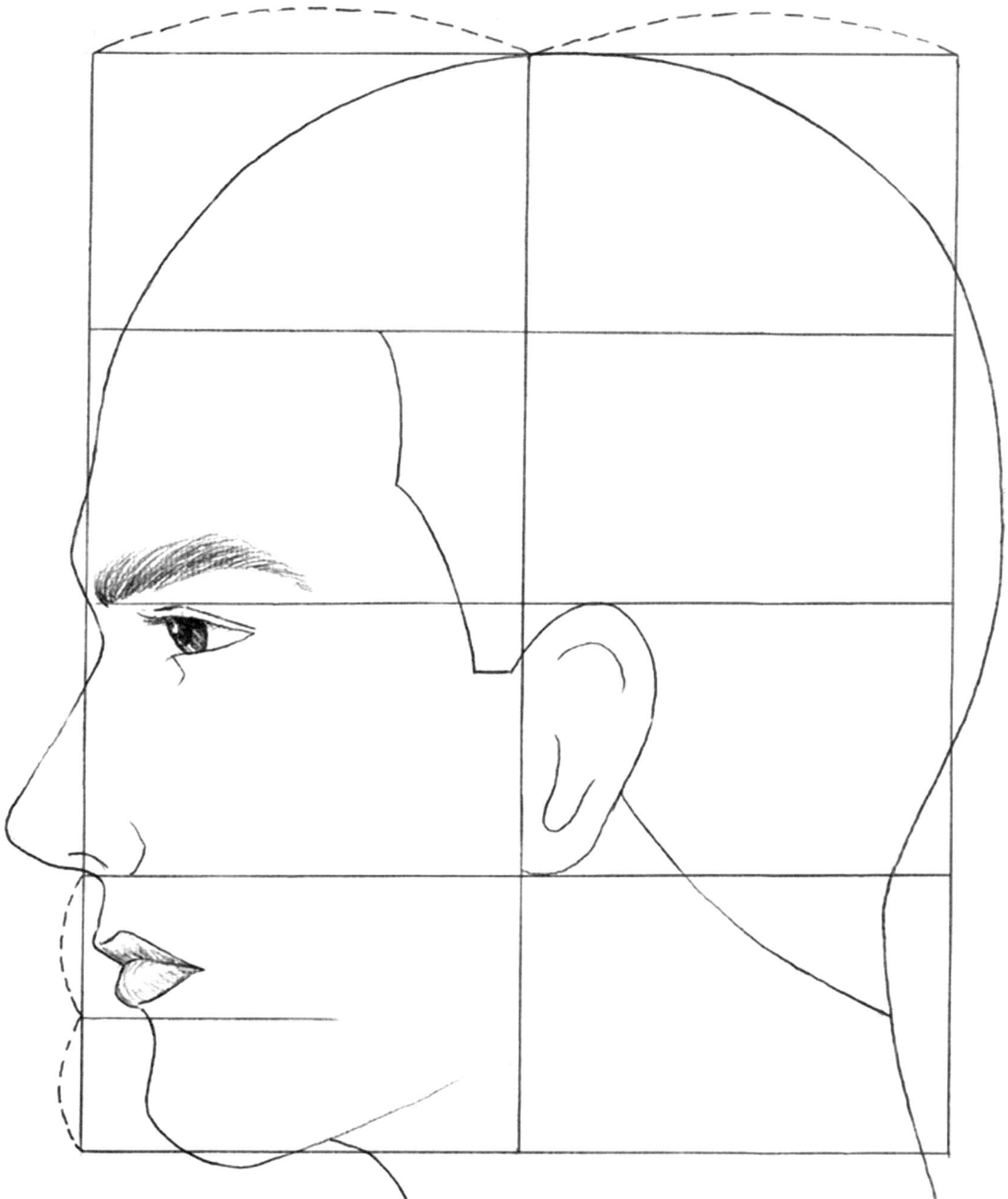

측 면

2

얼굴의 부분별 묘사

1. 얼굴의 부분별 명칭
2. 눈의 표현
3. 입의 표현
4. 코의 표현
5. 부분별 조합
6. 부분별 따라하기
7. 귀의 표현
8. 모양에 따른 눈썹 표현
9. 머리카락 표현방법
10. 얼굴 그리는 방법

1. 얼굴의 부분별 명칭

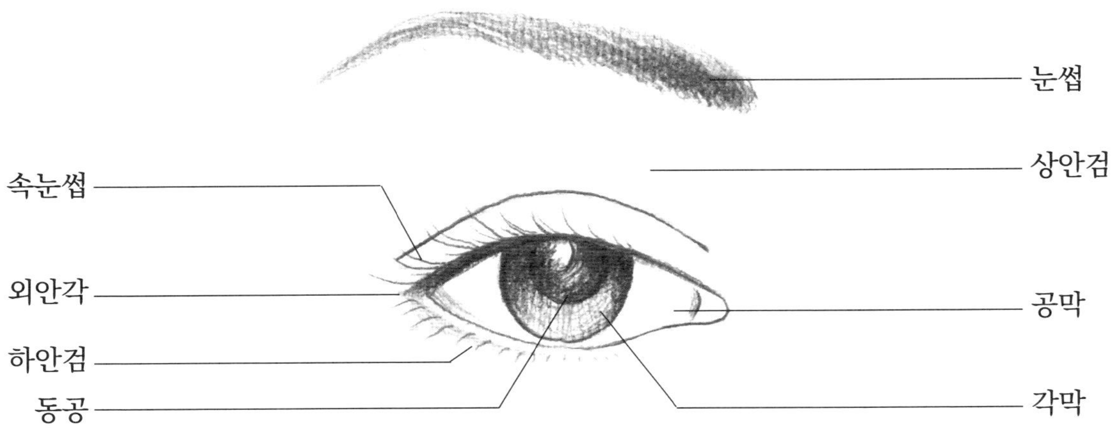

눈의 부분별 명칭

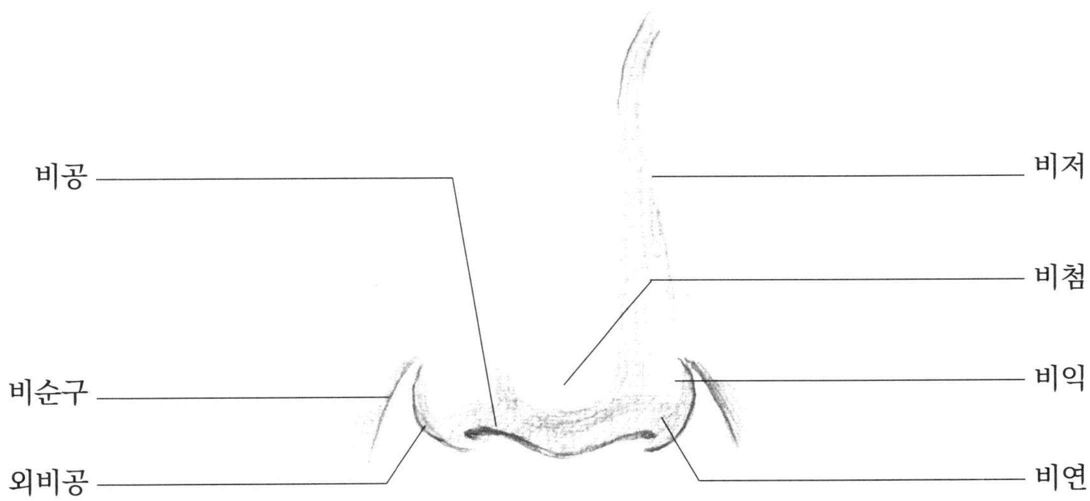

코의 부분별 명칭

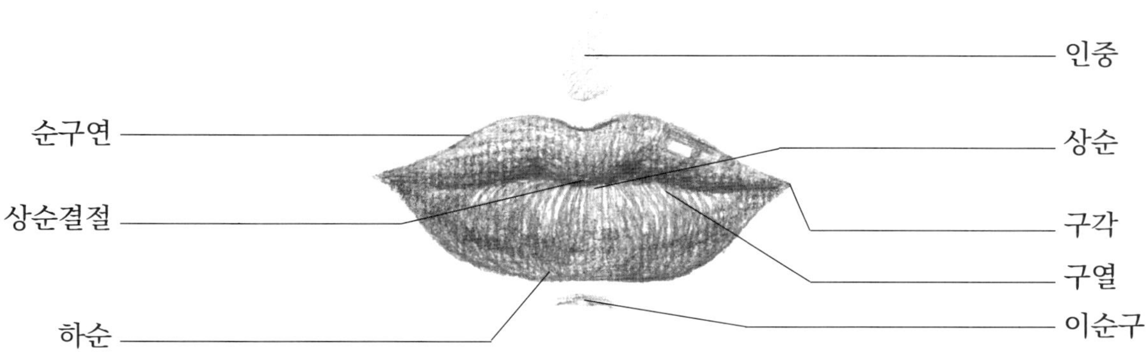

입의 부분별 명칭

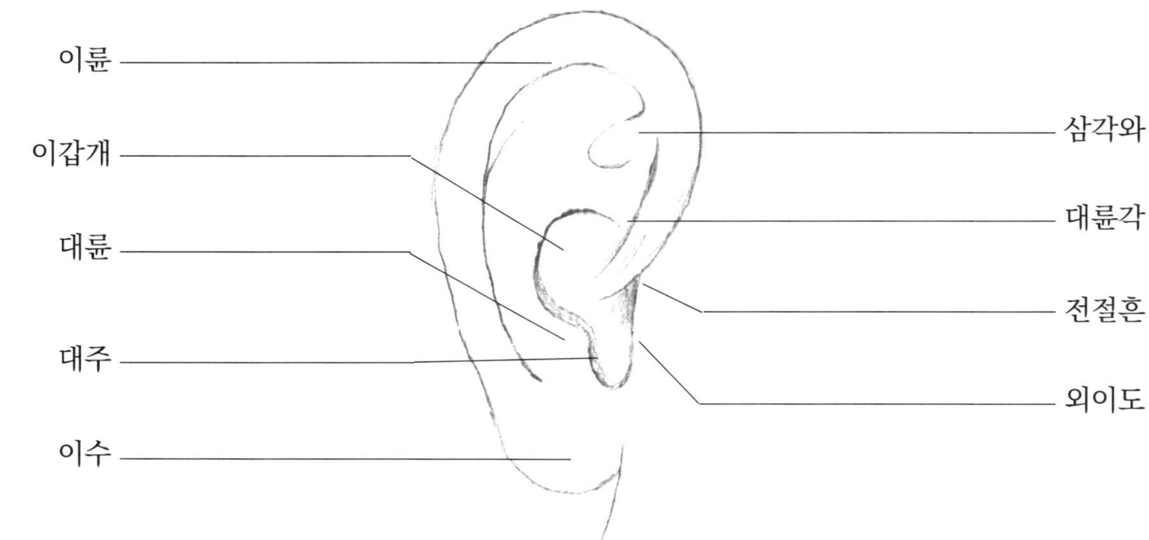

귀의 부분별 명칭

2. 눈의 표현

얼굴 중 가장 중요한 부분이며 어려운 부분이다. 눈의 표현에 따라 여러 가지 얼굴의 표정이 나타나므로 가장 신경 써야 할 부분이다. 너무 개성이 강한 눈매가 되지 않도록 주의하고 정성을 들여서 정확하게 그려준다.

1) 여성의 눈

(1) 정면

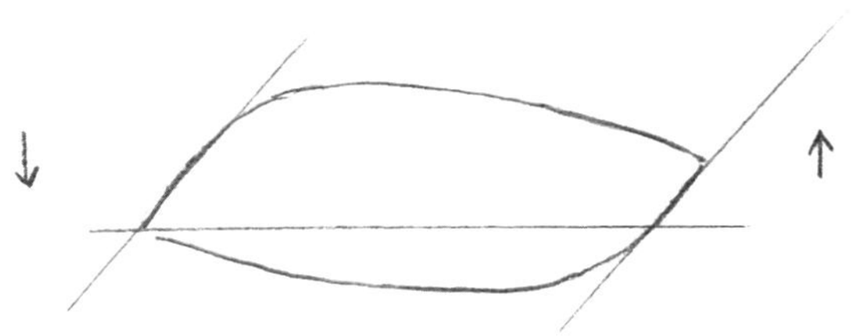

① 대략적인 눈의 형을 그린다. 눈 머리보다 눈 꼬리가 약간 올라간다.

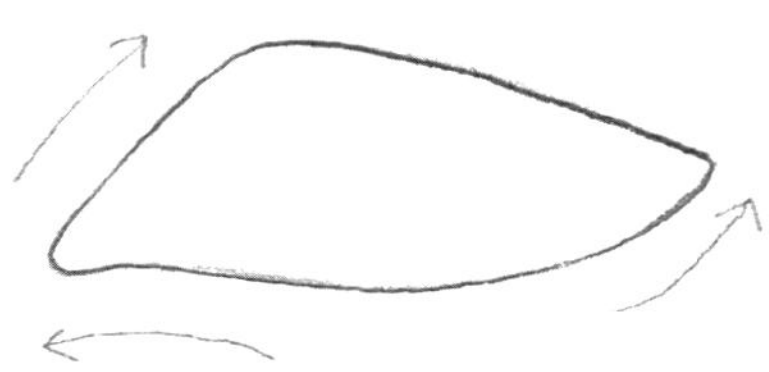

② 눈의 윤곽을 그리되 상하가 둥글게 그려준다.

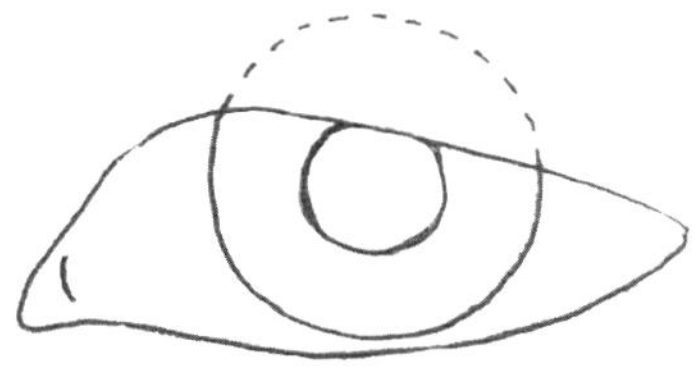

③ 눈동자는 숨어있는 것을 감안하여 위 눈꺼풀에 약간 가려지게 그린다.

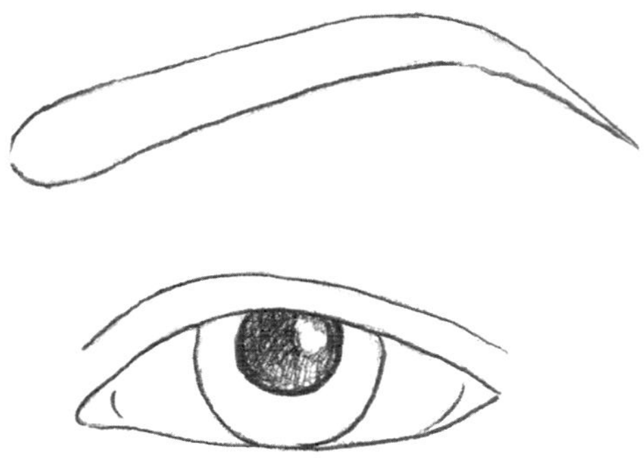

④ 눈동자 안에 또 하나 검은 부분을 그려 주는데, 하이라이트를 남겨 놓는다. 이 때 눈썹의 눈썹 머리는 눈머리보다 약간 안으로 들어가게 그려주고, 눈썹꼬리는 눈썹머리보다 내려오지 않도록 그려준다.

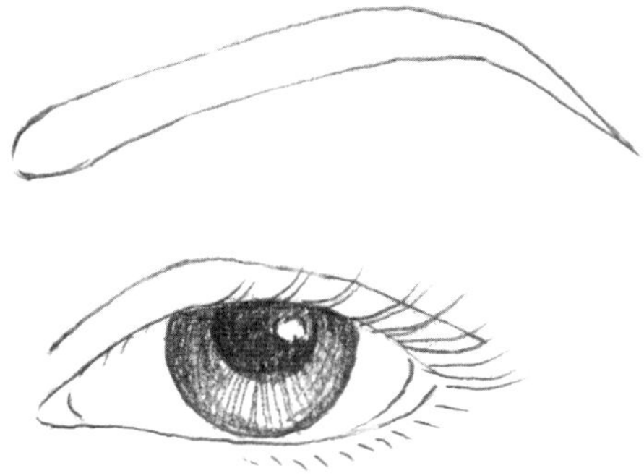

⑤ 상 하 속눈썹을 그려주는데, 길이를 긴 것과 짧은 것을 적절히 조화시켜 주고 많이 보이는 곳을 강하고 진하게 그려준다.

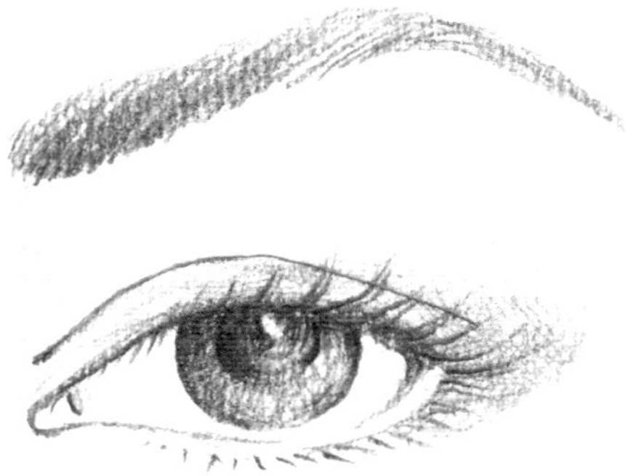

⑥ 섀도우를 넣어주는데, 섀도우를 넣을 때에는 눈 머리와 눈 꼬리의 부분을 진하게 넣고, 높은 곳을 향해서 점점 밝게 그라데이션 시켜준다.

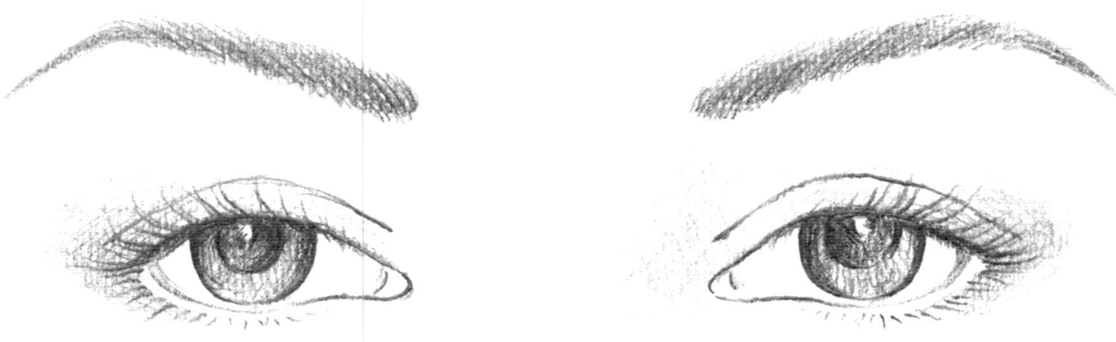

⑦ 두 눈의 완성

(2) 사면

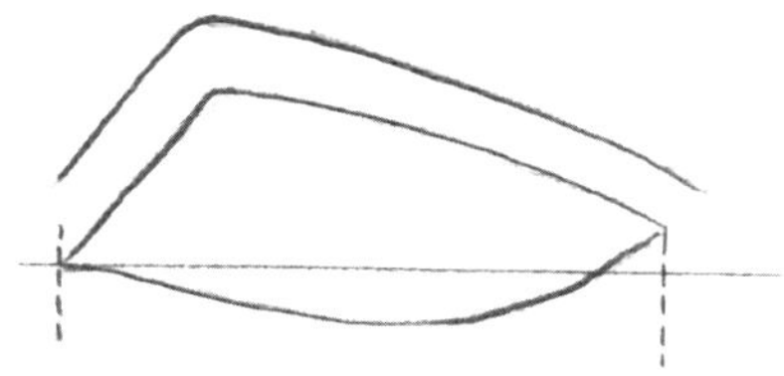

① 정면의 눈보다 길이가 짧게 그려준다.

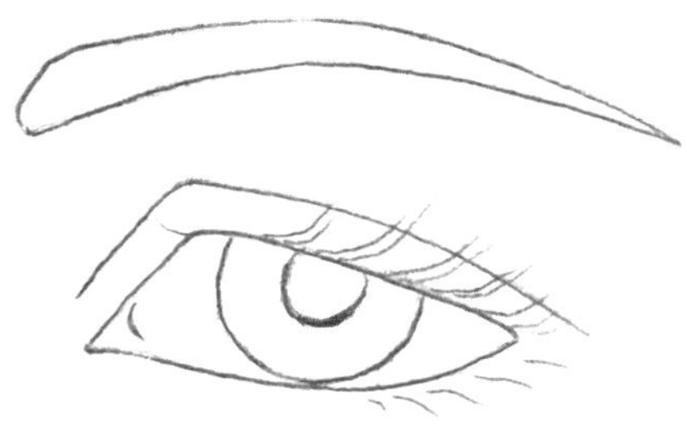

② 눈동자는 아래 눈꺼풀에 닿지 않게 주의해서 그린다.

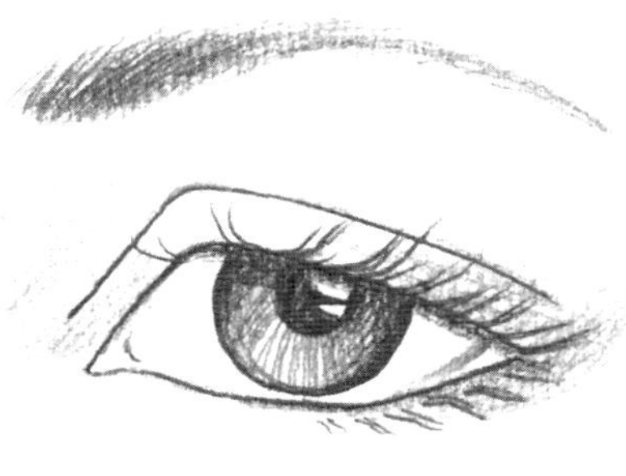

③ 표현에 있어서는 정면과 같게 그려주고, 전체적인 선의 강약을 살려준다.

(3) 측면

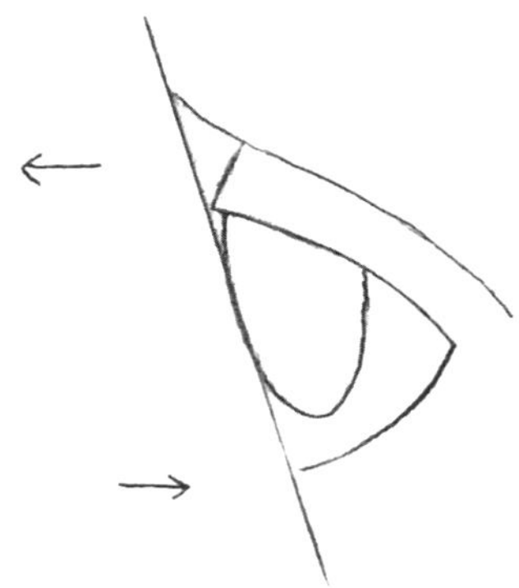

① 눈의 크기는 정면의 1/2 정도로 그려준다.

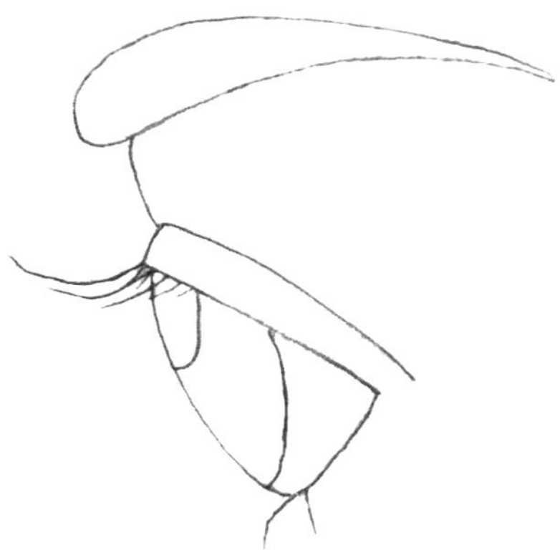

② 눈동자, 속눈썹, 눈썹을 그린다.

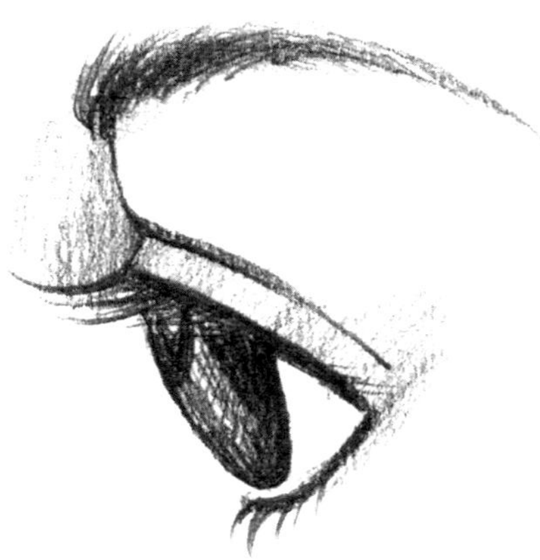

③ 선의 강약에 신경을 쓰며 그림자를 그려주고 완성한다.

2) 여러 가지 눈의 방향

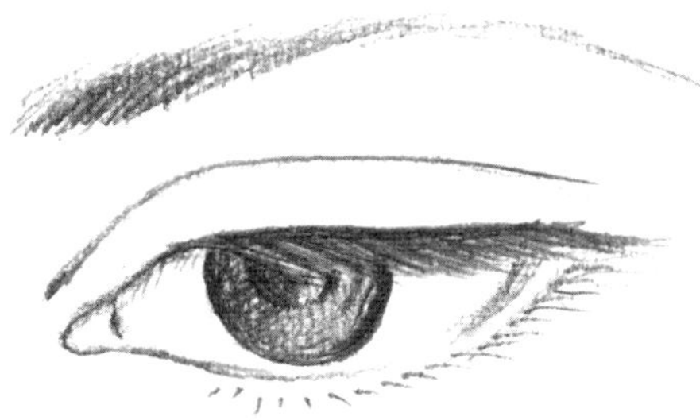

정면 하향

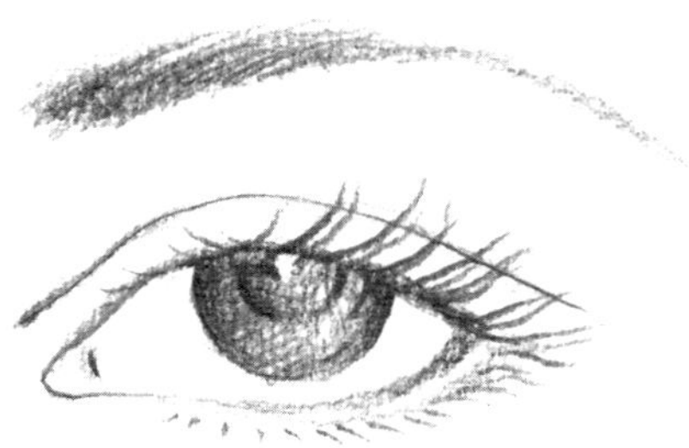

정면 상향

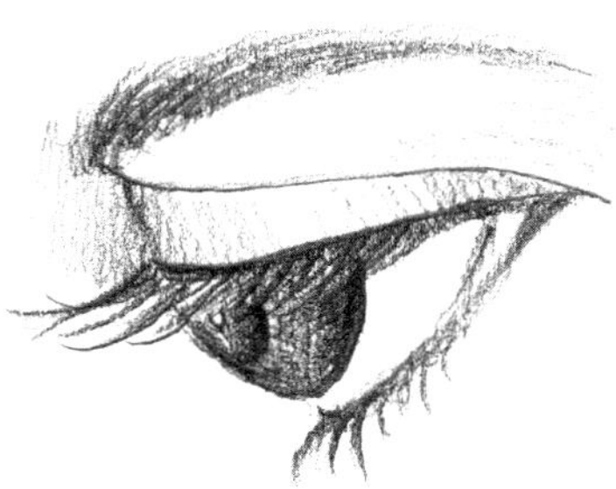

측면 하향

3) 남성의 눈

남성의 눈은 여성의 눈과는 다르게 표현되야 한다. 따라서 여성의 눈과 같이 크지 않게 그려주고, 속눈썹도 길지 않게 그리며, 눈썹은 굵게 그려야 한다. 전체적인 느낌이 둥글지 않게 표현하며, 약간 각이 진 느낌으로 표현한다.

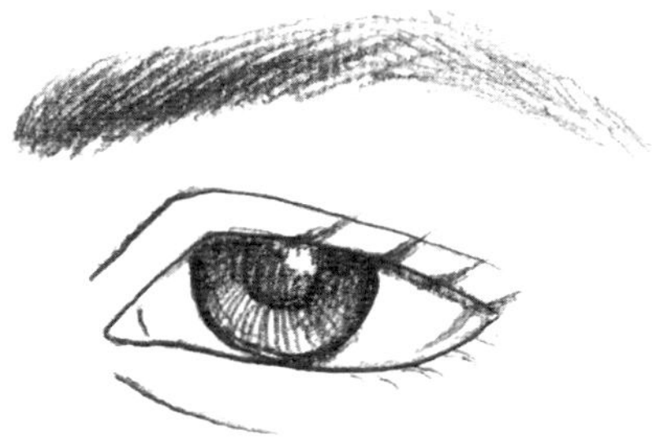

정면

사면

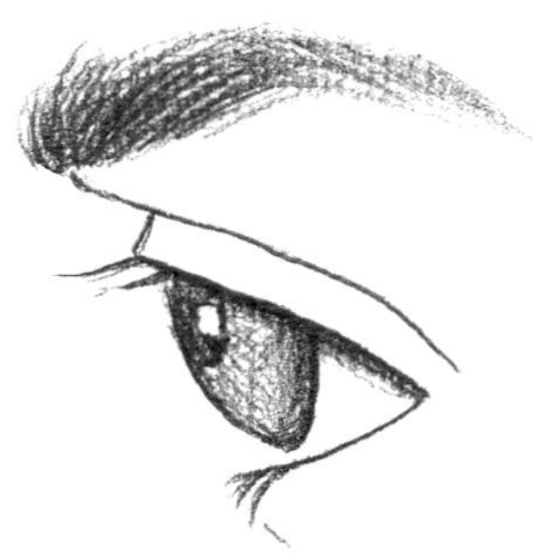

측면

4) 눈동자의 표현

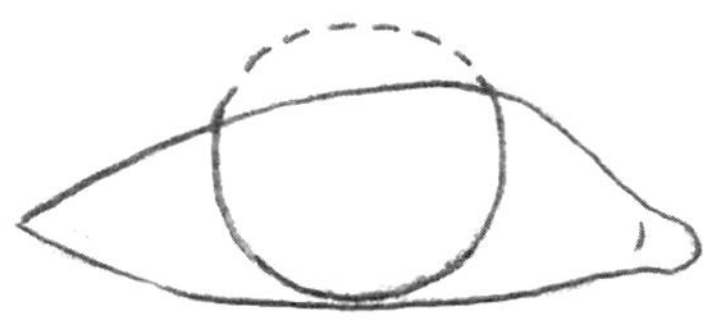

정상적인 눈

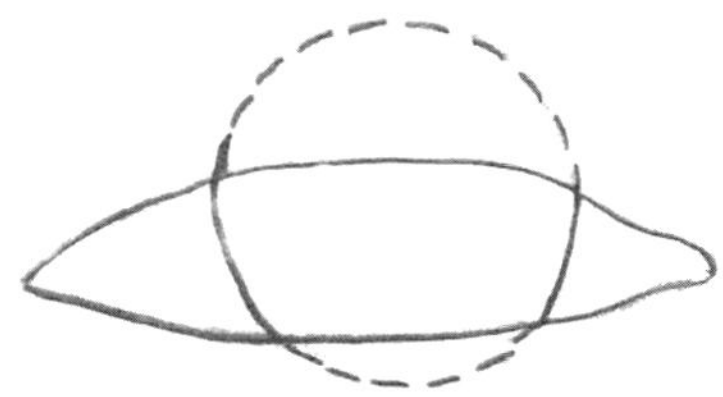

작은 눈

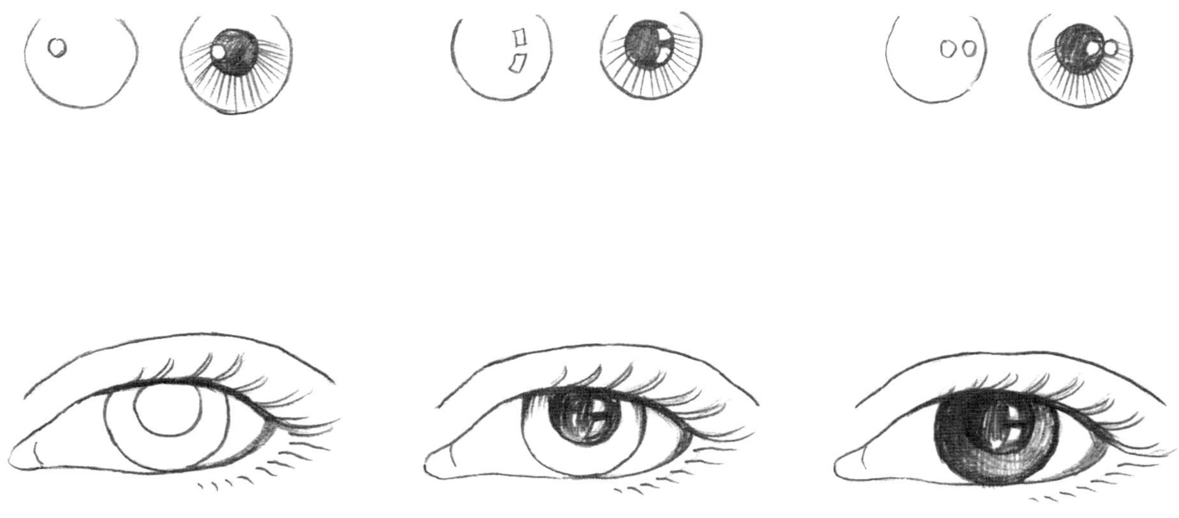

눈동자의 표현

5) 눈의 표현 과정

① 대략 형태를 잡는다.

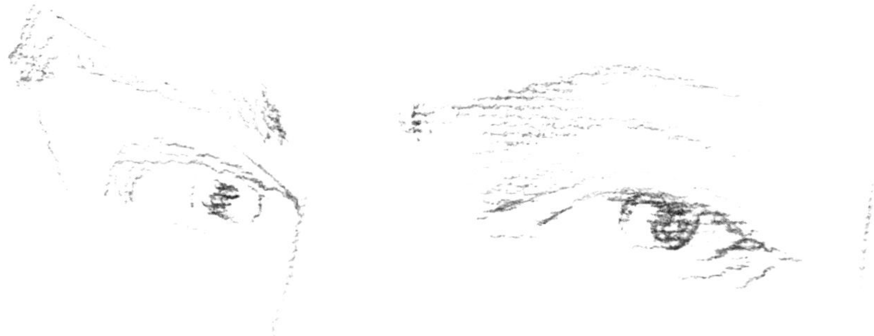

② 눈꺼풀과 눈동자의 정확한 위치를 파악한다.

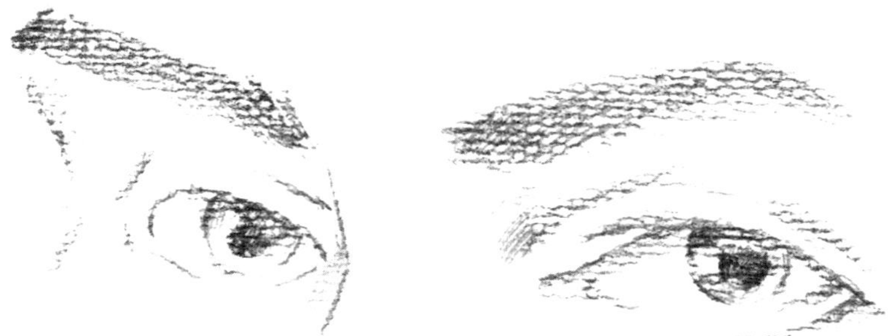

③ 세부묘사에 들어간다.

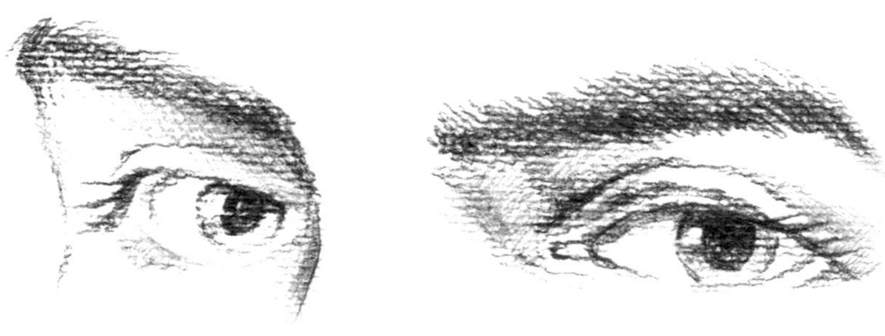

④ 정리하여 완성한다.

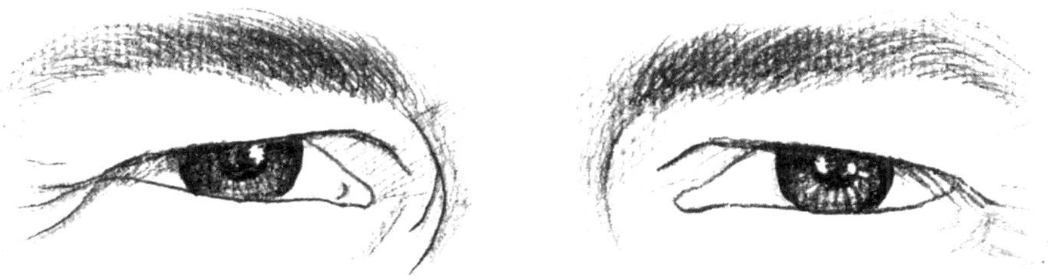

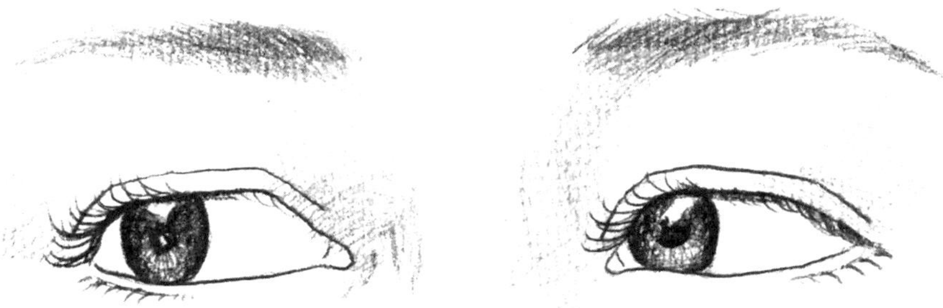

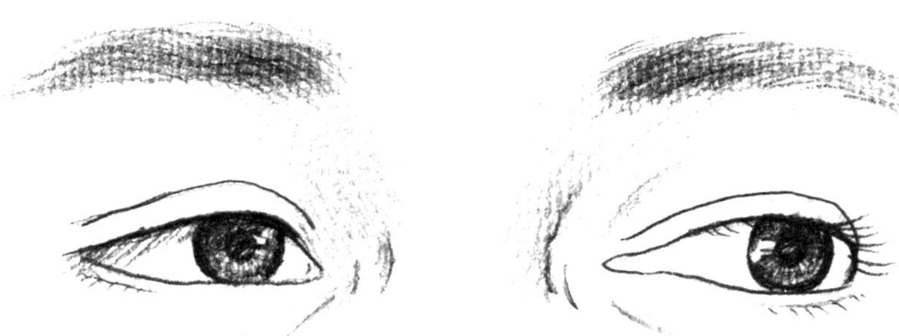

3. 입의 표현

입을 그릴 때는 입의 구조를 파악하고 그리는 것이 중요하다. 처음 그리는 사람은 자칫하면 입술을 평면적으로 그리게 되는데, 턱뼈를 따라 둥근 맛을 지니고 있는 치아의 치열을 고려하여 입술을 그리는 것이 요령이다.

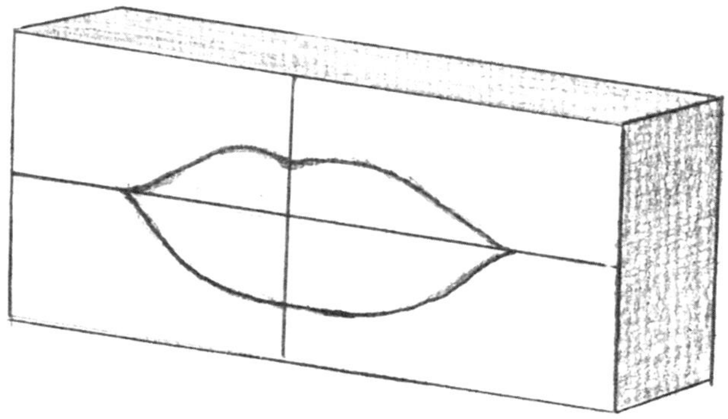

입술은 평면이 아니다.

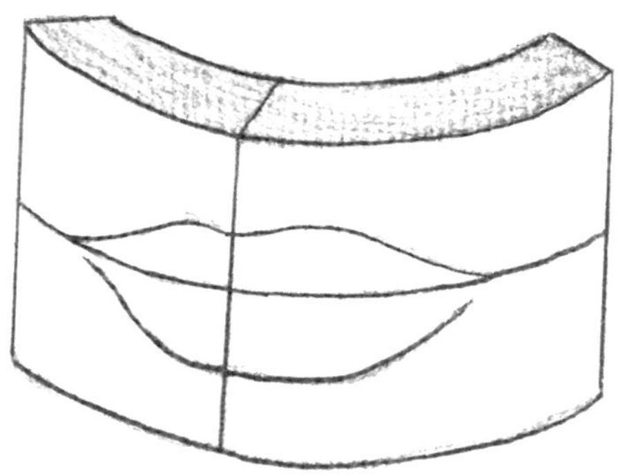

곡면이다.

완성된 형태

1) 정면

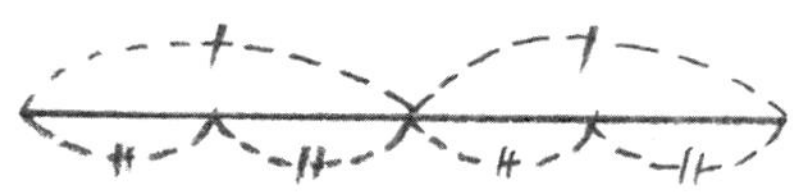

① 직선으로 입의 크기를 정하고, 정면 방향의 입술은 중심선에서 좌우 대칭형으로 그리도록 한다.

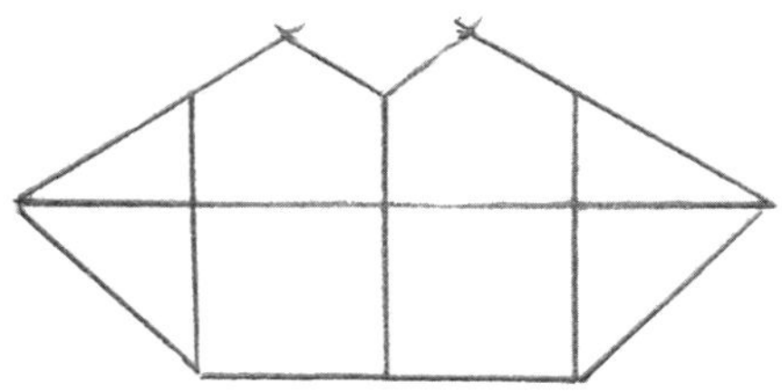

② 산 모양의 윗입술과 아랫입술을 그린다. 이때 윗입술은 아랫입술보다 두께가 얇아지도록 한다.

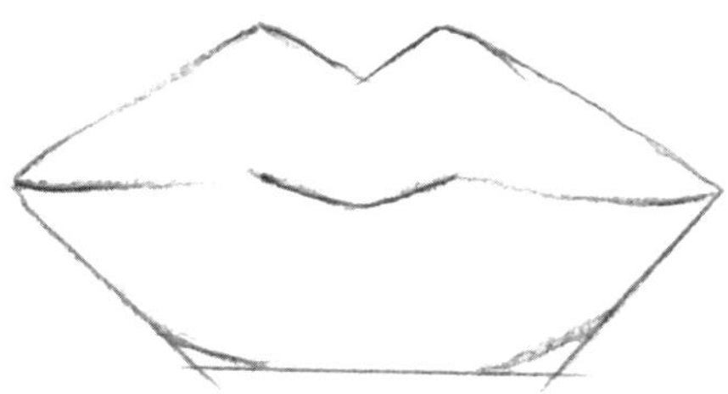

③ 입 가장자리를 약간 올려 그리고, 전체적으로 모가 없이 둥글게 그린다.

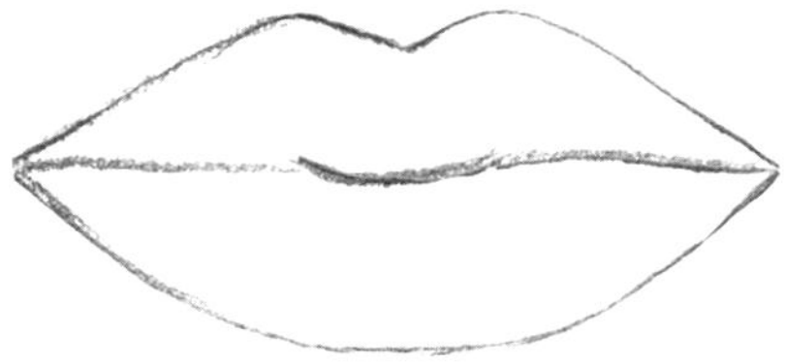

④ 입술에 음영이 지므로 선에 강약을 표시한다.

⑤ 입술 전체에 명암을 넣어주되 윗입술을 아랫입술보다 어둡게 그려준다.

⑥ 하이라이트를 넣고 완성한다.

2) 사면

사면으로 본 입의 비율은 중심에서 6:4의 비율로 잡아준다.

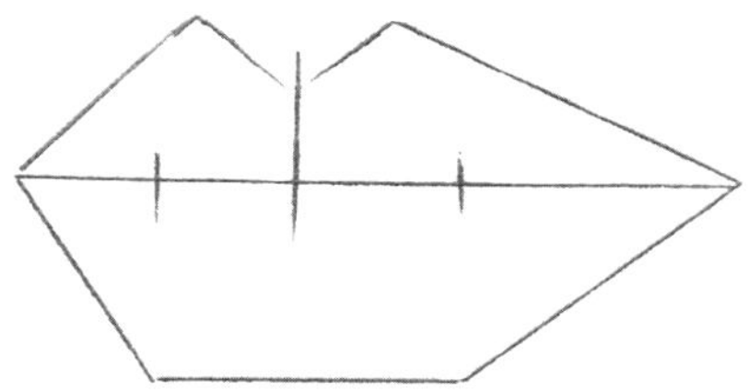

① 사면으로 본 입의 비율은 중심에서 6 : 4의 비율로 잡고 상·하 입술을 잡아준다.

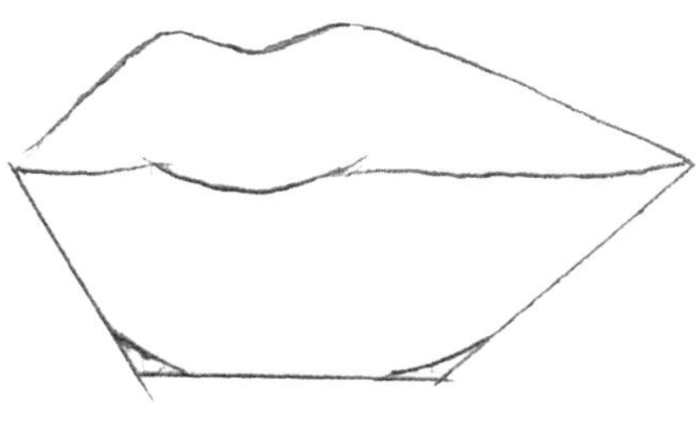

② 입술 가장자리를 올려 그리면서 전체적으로 모가 없이 둥글게 그린다.

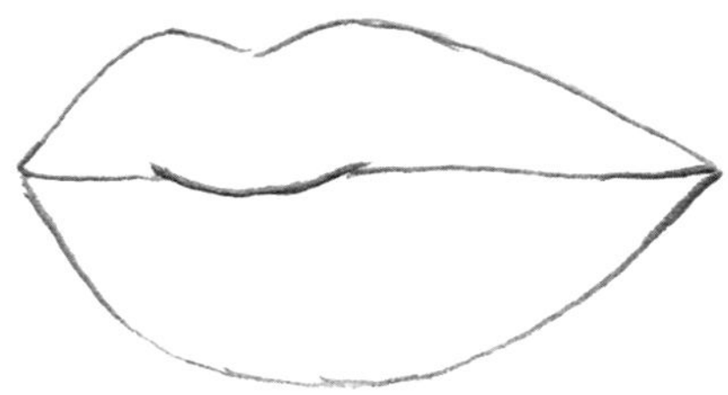

③ 음영이 지는 입은 중심에서 6 : 4의 비율로 그린다.

④ 마무리 하여 완성한다.

3) 측면

측면에서 본 입술의 모양은 오목하지 않도록 주의하여 그린다.

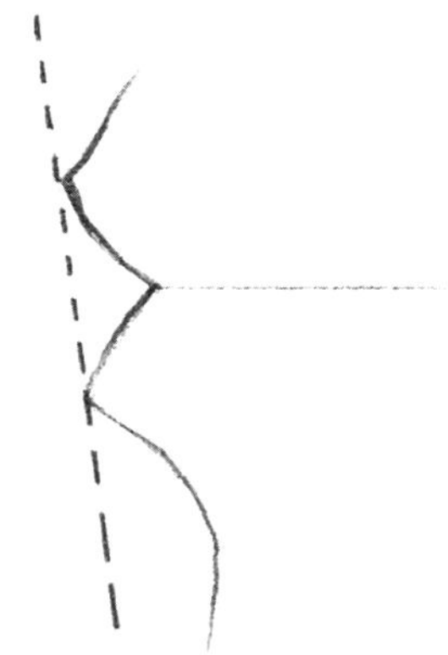

① 윗입술보다 아랫입술이 안으로 들어가게 그린다.

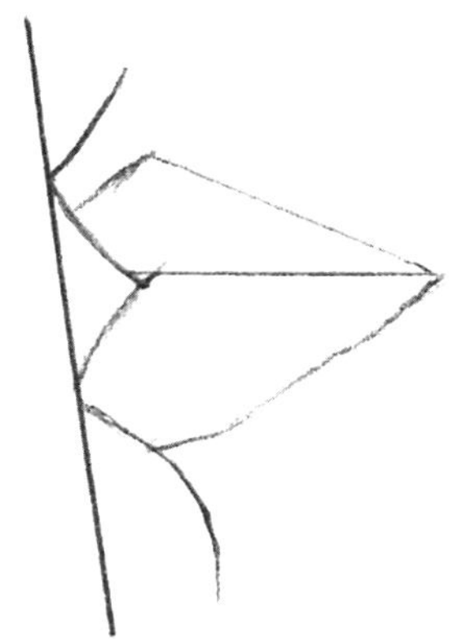

② 상 하 입술을 그린다.

③ 입술에 선의 강약을 살려가며 넣어준다.

④ 완성한다.

4) 여러 가지 입술 모양

입의 표정에 의해 사람 얼굴의 표정도 달라지므로, 여러 가지 표정을 생각하며 그려주면 다양한 입술의 표현을 할 수 있다.

정면 하향

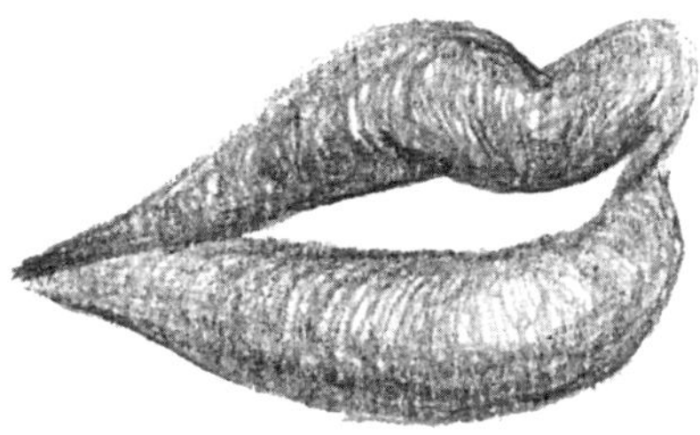

사면 상향(벌린 입)

정면 상향

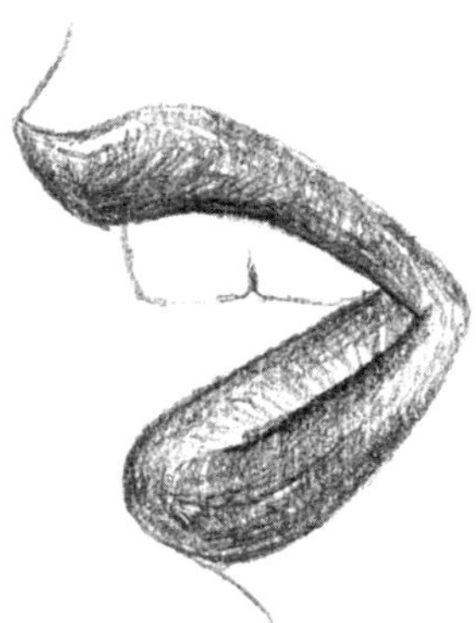

측면(벌린 입)

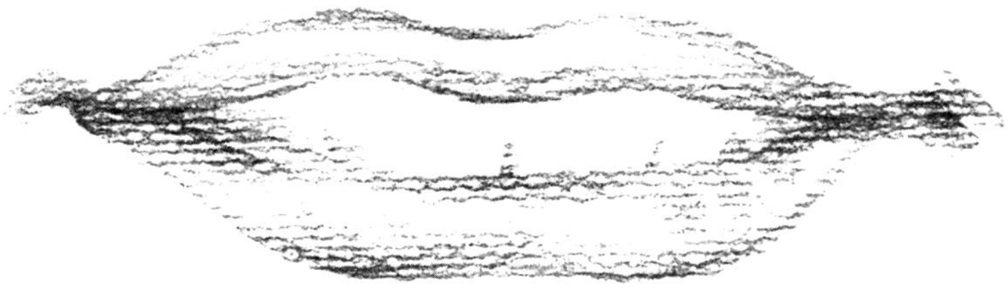

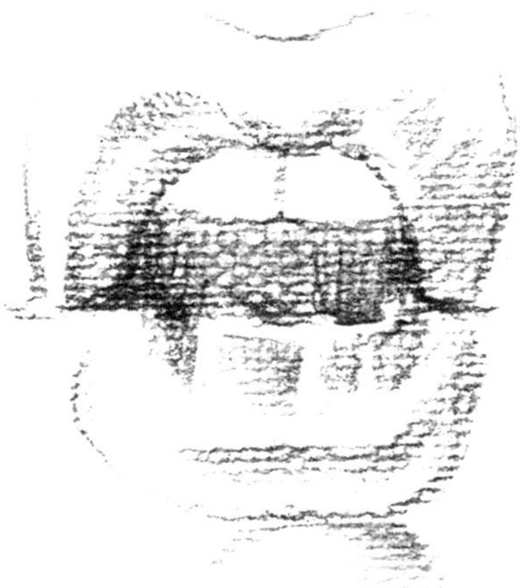

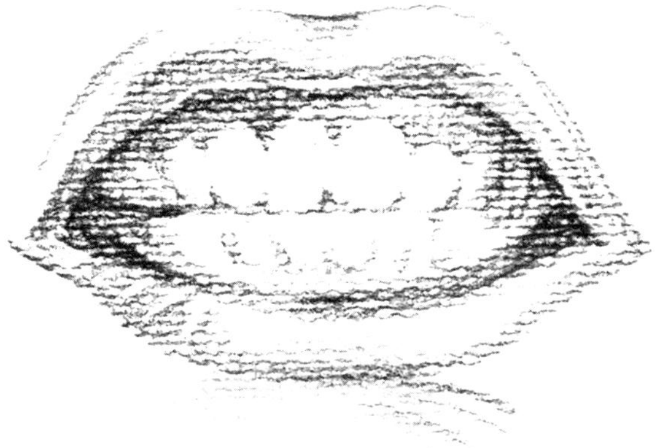

4. 코의 표현

1) 정면

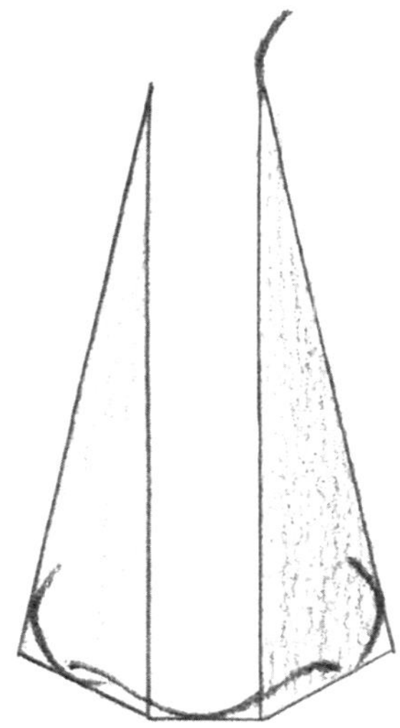

① 코를 상자형으로 단순화 시켜 생각한다.

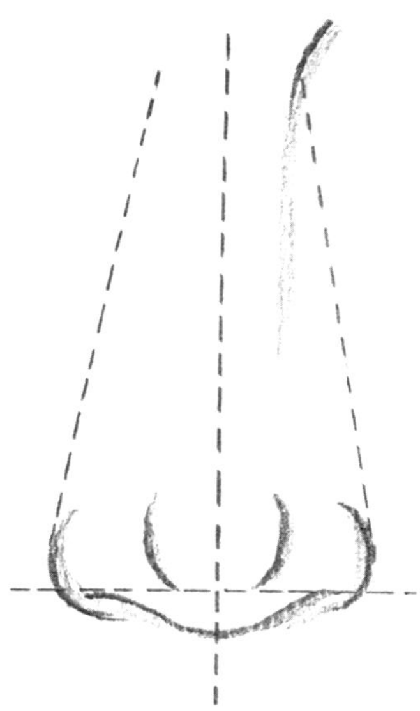

② 콧망울과 코의 끝을 둥글게 그린다. 이 때 코의 모양이 결정되므로 신경써야 한다.

③ 콧망울은 중심선에서 좌우 대칭으로 그린다.

④ 코의 음영을 생각하며 음영을 넣는다.

2) 사면

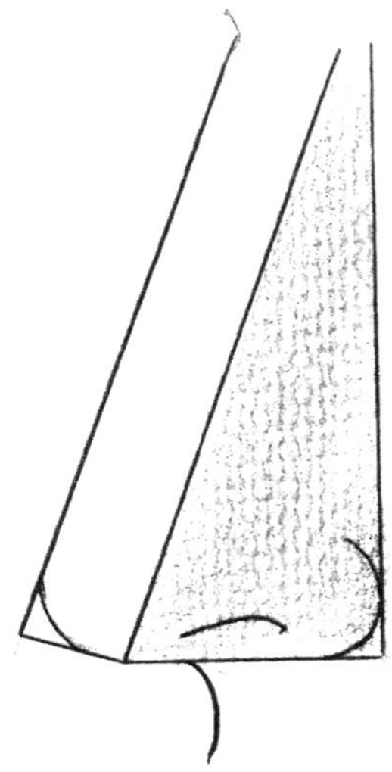

① 상자형으로 그린다.

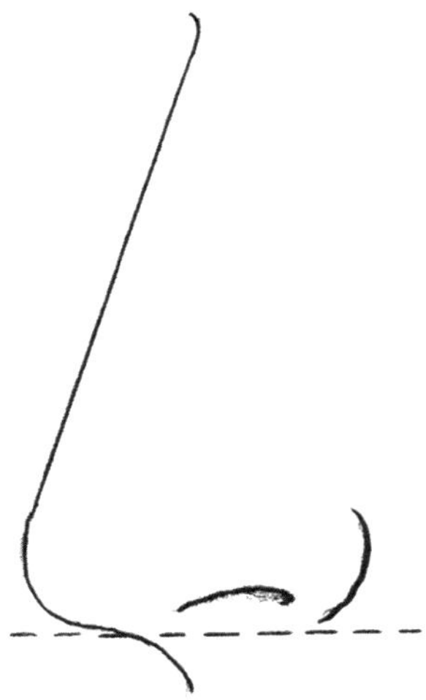

② 콧망울과 코끝을 둥글리며 그려준다.

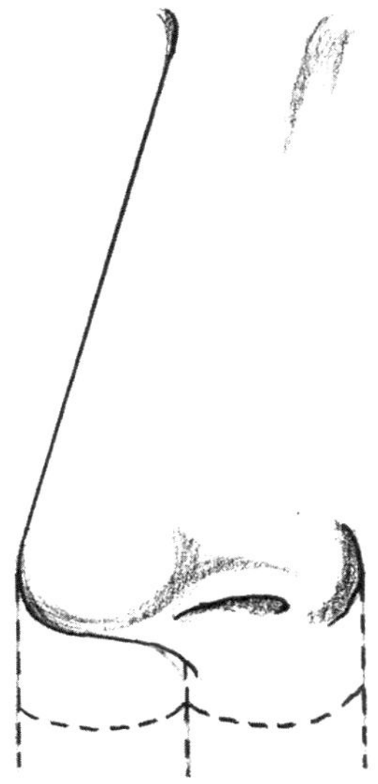

③ 코의 아랫선은 코끝과 콧망울의 1/2로 그린다.

④ 음영을 넣어 완성한다.

3) 측면

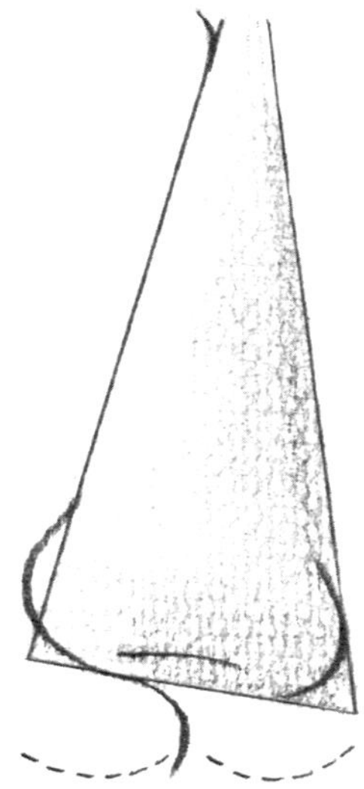

① 평면으로 그린다.

② 코끝과 콧망울을 둥글게 하고, 코 아래는 들창코가 되지 않도록 주의한다.

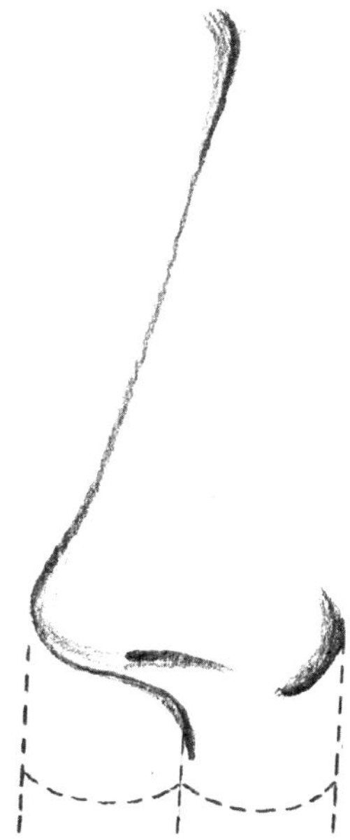

③ 코 밑은 콧망울에서 코 끝의 1/2로 그리고, 콧날은 약간 치켜올리는 것 같이 그린다.

④ 음영을 넣어 완성한다.

4) 여러 가지 코의 모양

코의 표정에 따라 사람의 성격이 나타나므로, 여러 가지 코의 모양을 생각하며 그려주면 다양한 코의 표현을 할 수 있다.

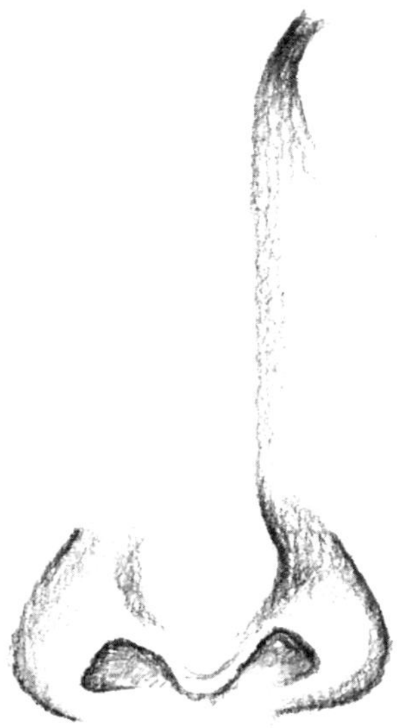

정면 상향

정면 하향

사면 상향

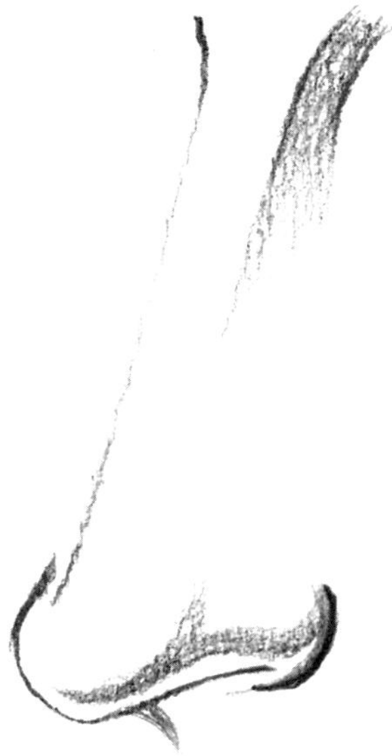

사면 하향

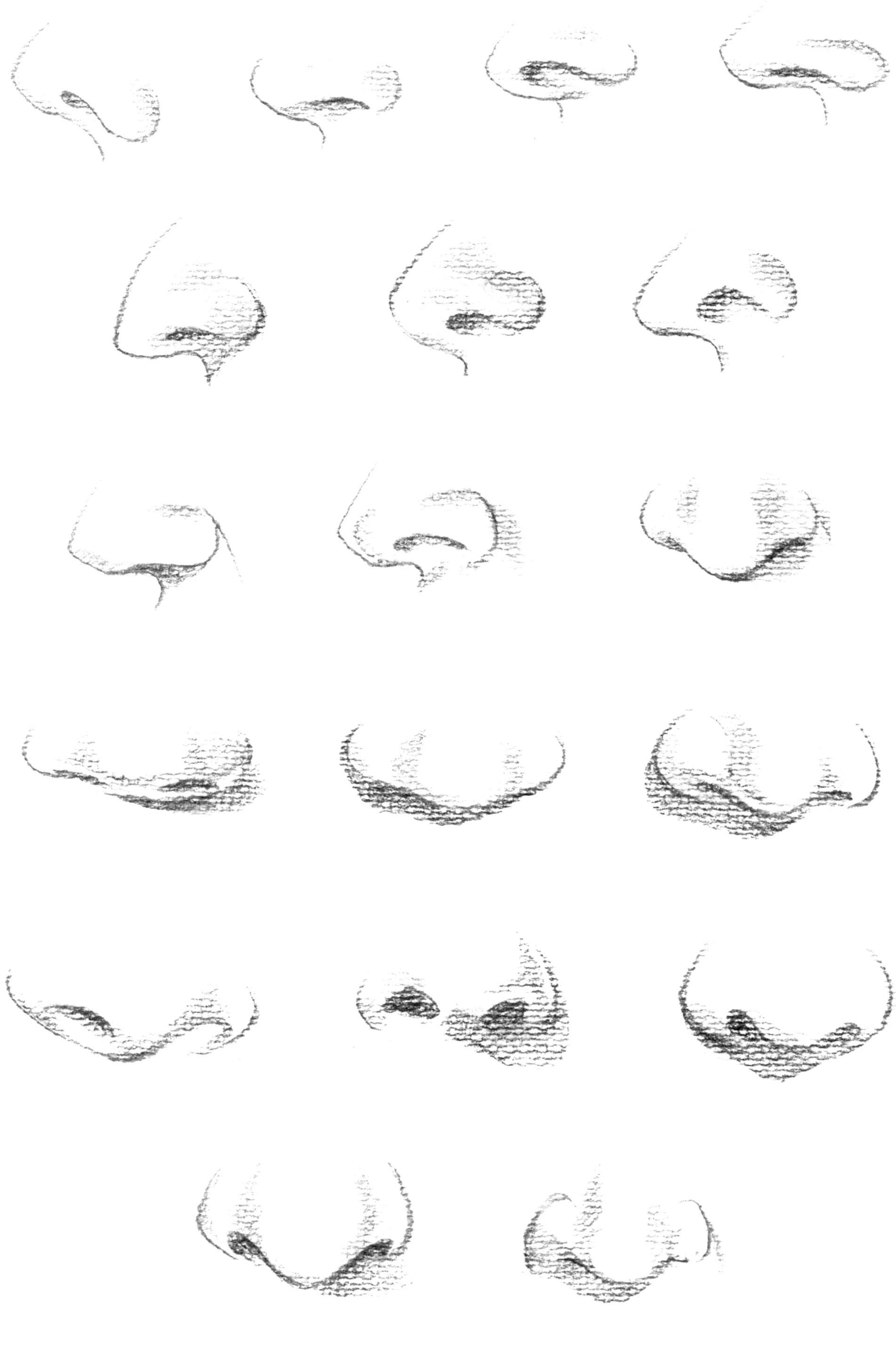

5. 부분별 조합

6. 부분별 따라하기

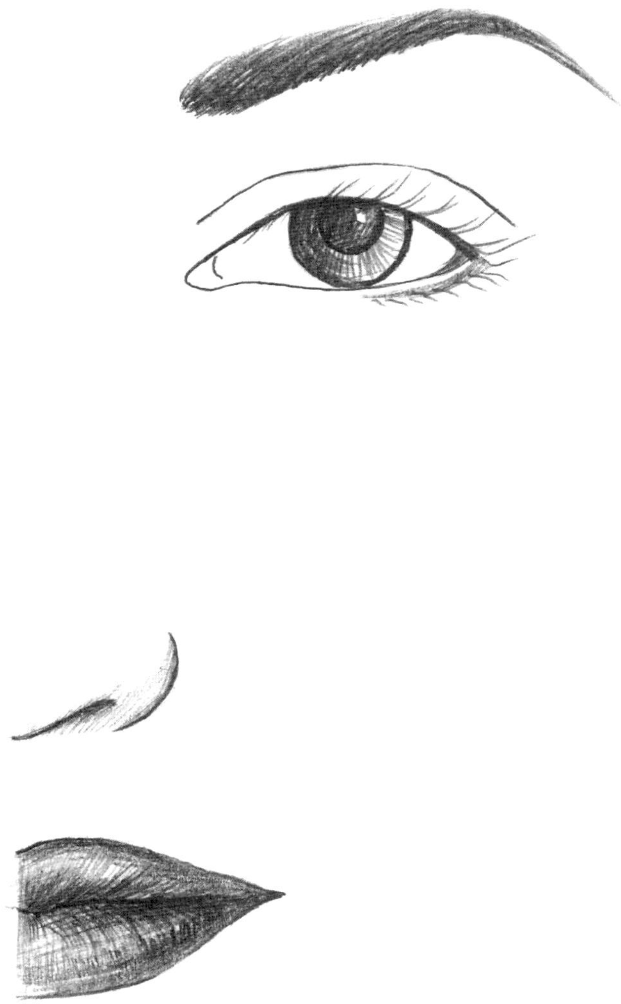

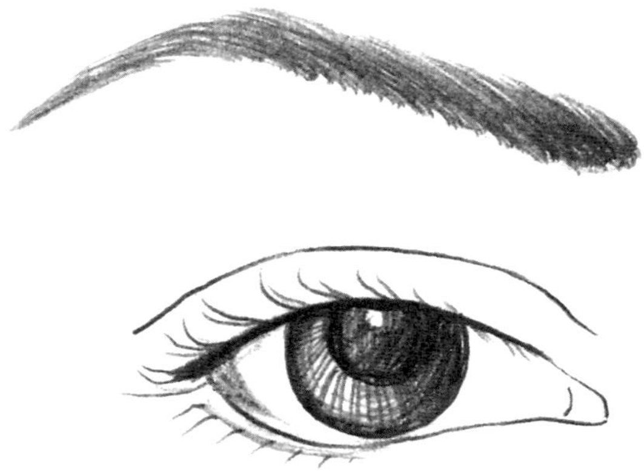

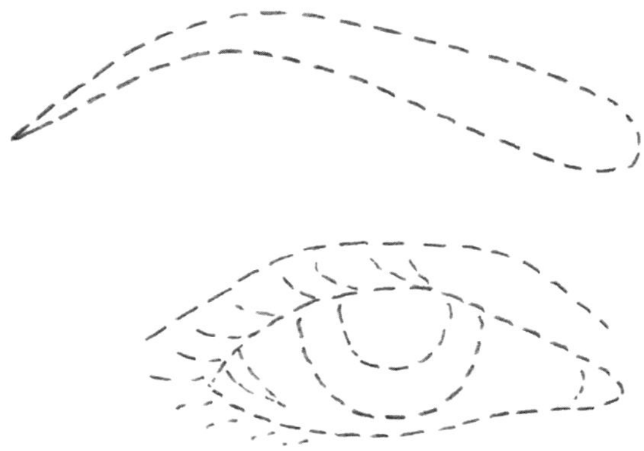

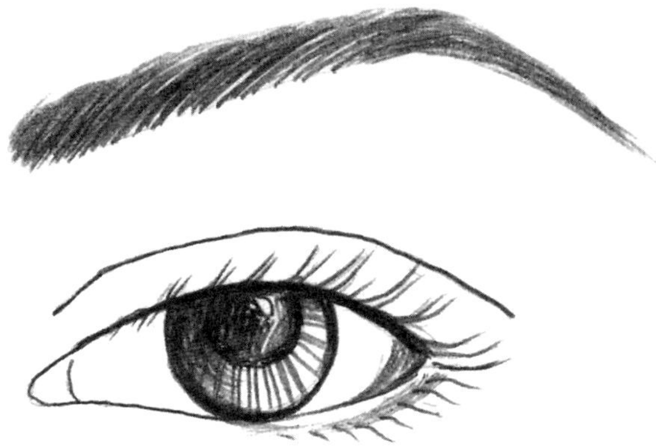

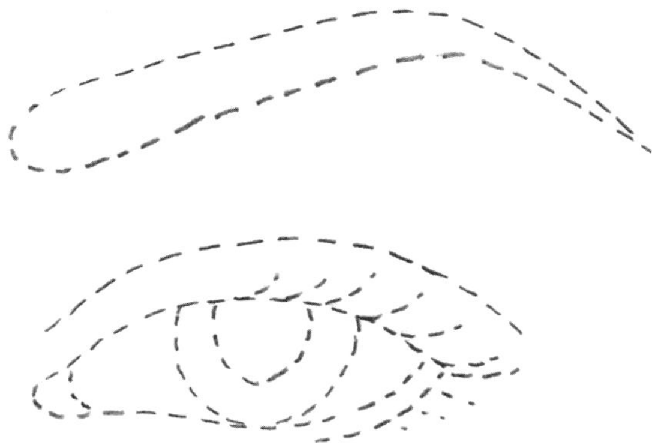

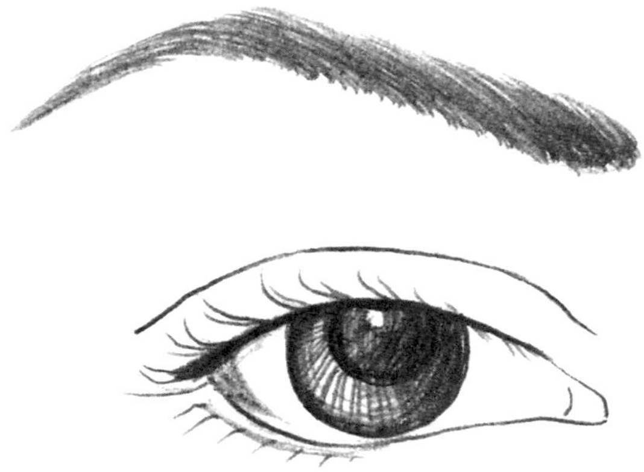

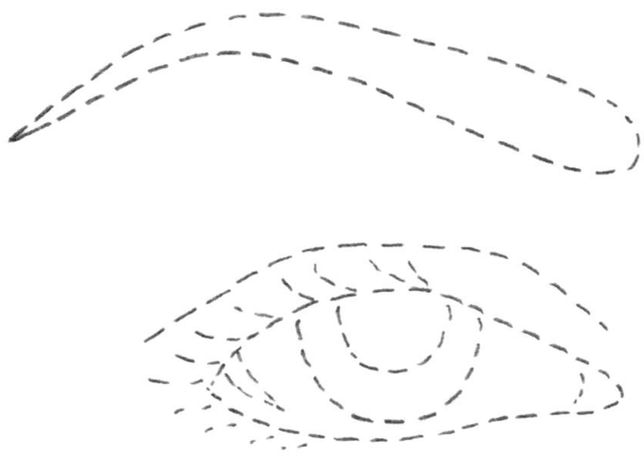

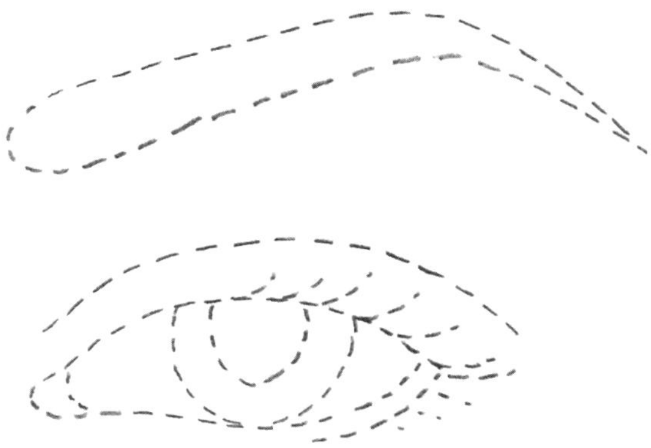

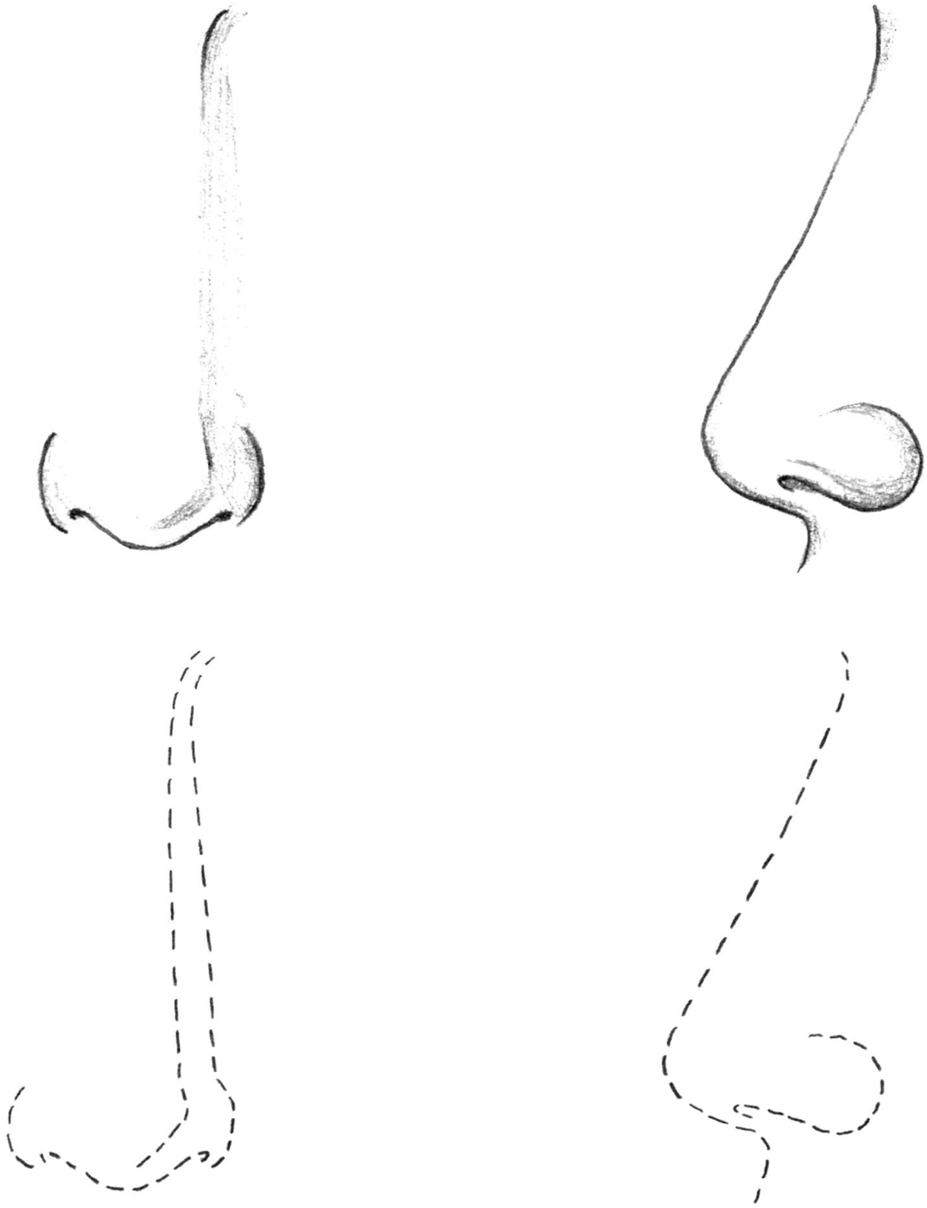

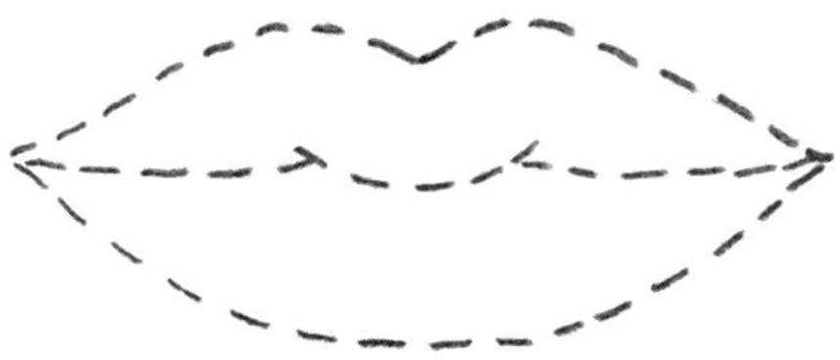

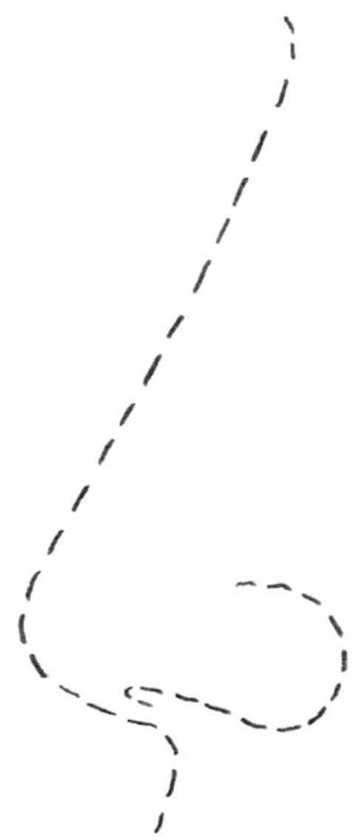

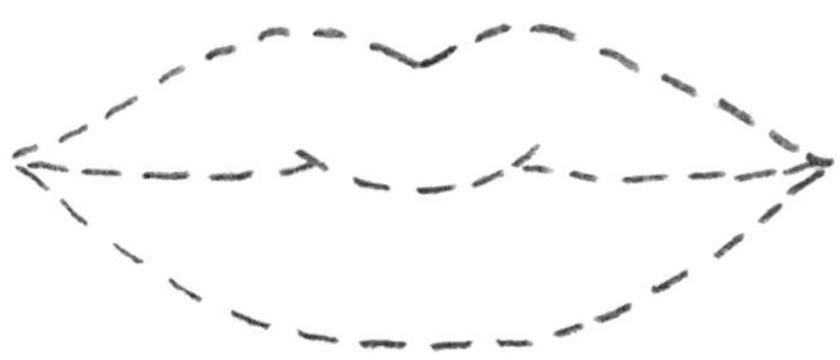

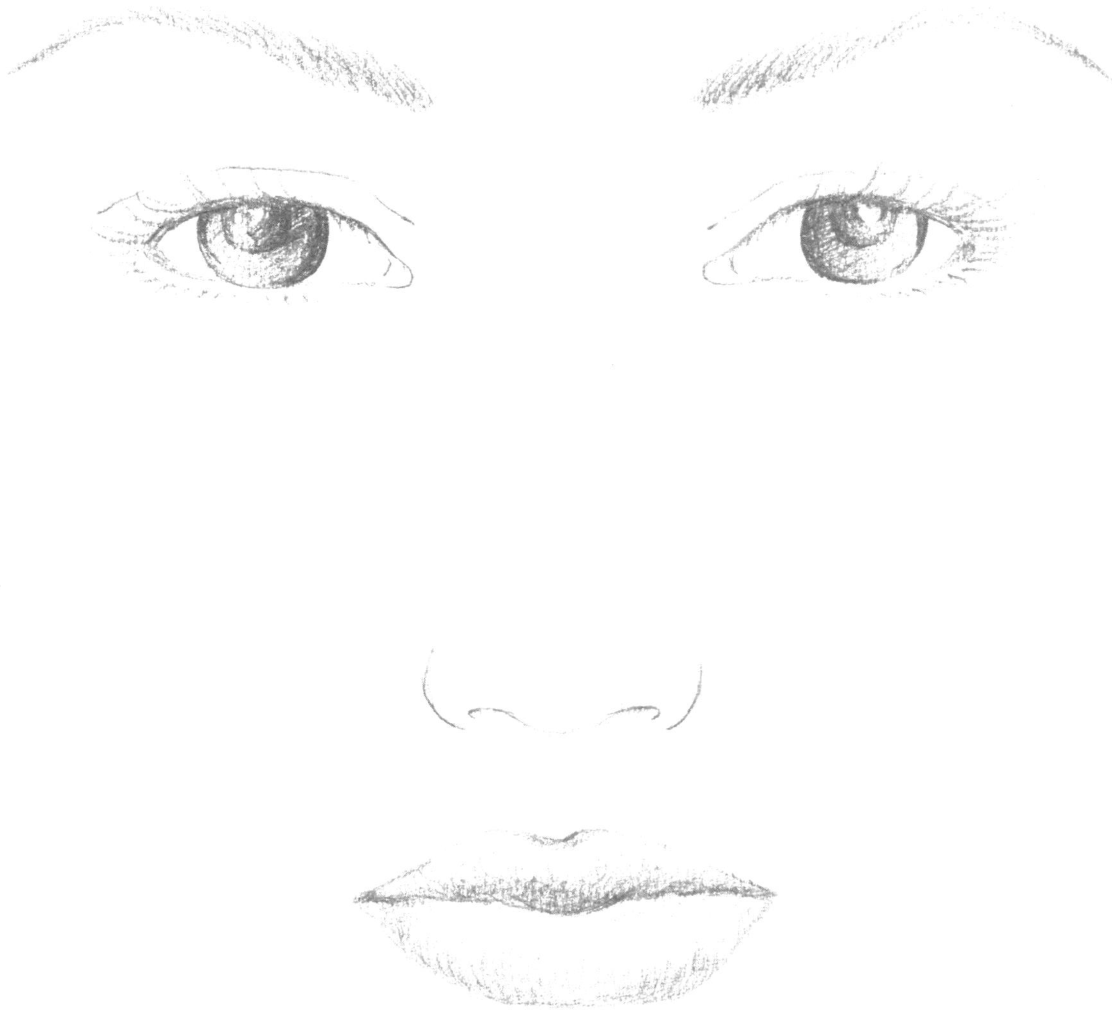

7. 귀의 표현

귀는 통상적으로 둥글며 풍만할 때 아름답게 보인다. 형태상 둥글거나 살 부분이 적으면 심술궂고 원만하지 못한 성격을 암시한다. 따라서 귀를 그릴 때는 달걀 형태로 안정감 있게 그린다.

① 달걀모양의 형태로 귀의 외형을 그린다.

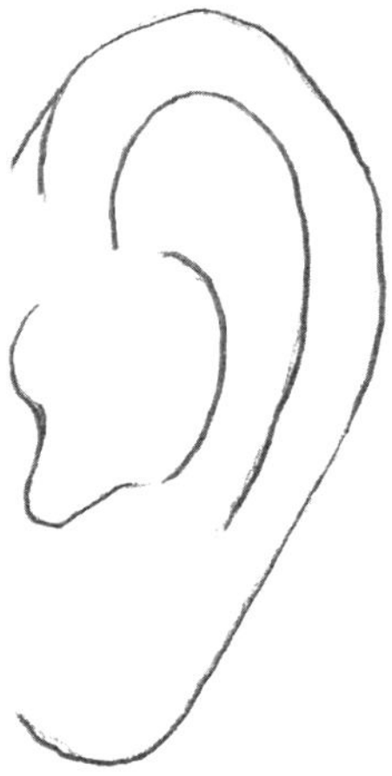

② 이륜 안쪽을 그리면서 형태를 잡아간다.

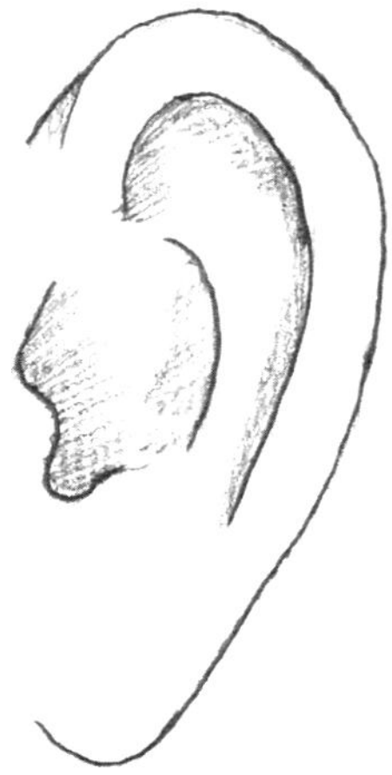

③ 안쪽부터 명암을 넣어준다.

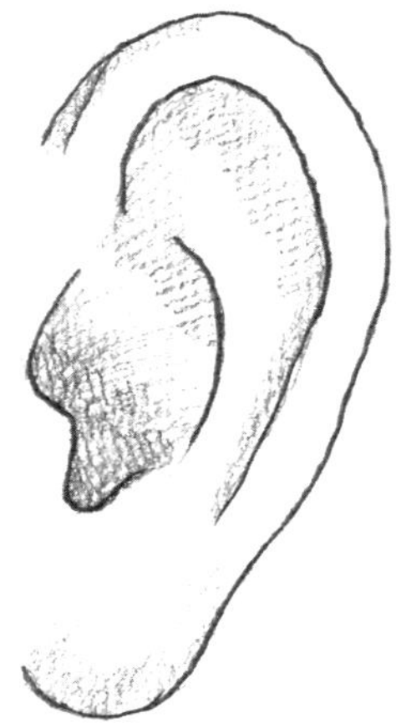

④ 어두운 부분을 기준으로 밝은 부분도 중간 톤으로 그린다.

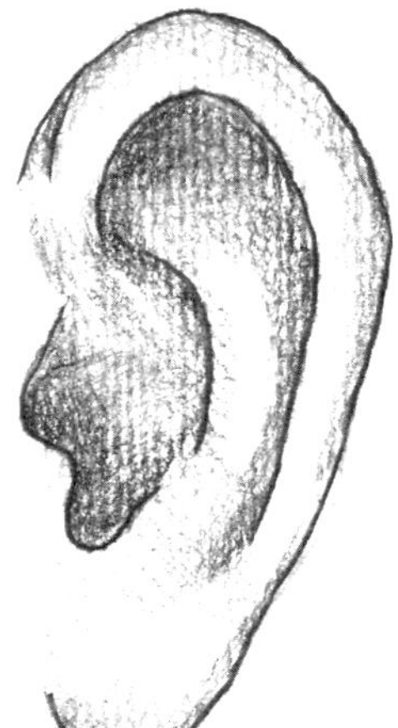

⑤ 전체와의 조화를 이루며 완성한다.

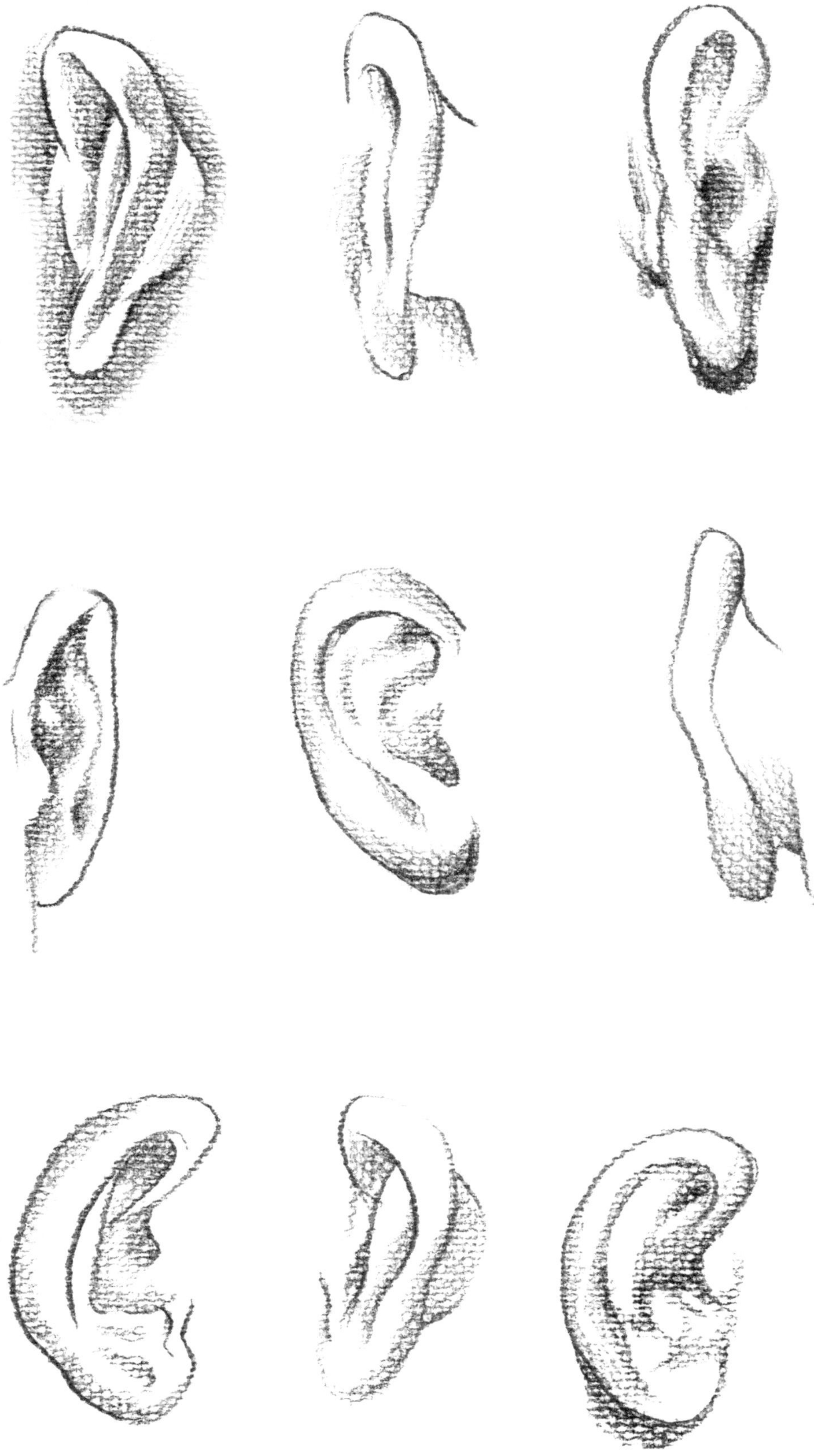

8. 모양에 따른 눈썹 표현

둥근형

아치형

스트레이트형

각진형

9. 머리카락 표현방법

머리카락은 흐름이나 빛을 받는 곳, 명암을 잘 파악한 후 그려 넣도록 한다. 전체적인 밸런스(Balance)를 맞춰가며 그리는 것이 중요하다.

① 종이에 전체적인 형을 그려 넣는다.

② 머리카락의 흐름을 정확하게 파악한 후 그린다.

③ 명암의 표현을 손에 힘을 빼면서 표현한다.

④ 머리카락의 흐름에 따라 세심하게 그려 넣는다.

⑤ 전체적인 명암 처리와 밸런스를 맞춰 가며 완성한다.

2) 웨이브 헤어

① 밑그림으로 종이에 전체적인 흐름을 그려 넣는다.

② 머리카락의 웨이브의 흐름을 정확하게 파악한 후 그린다.

③ 웨이브의 흐름에 따라 세심하게 그린다.

④ 머리카락선의 흐름에 따라 연필의 강약을 넣는다.

⑤ 전체적인 명암 처리와 밸런스를 맞춰가며 완성한다.

3) 머리카락의 여러 가지 형태

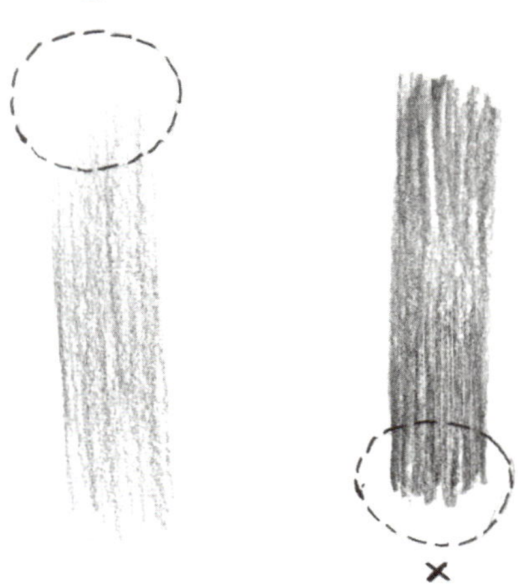

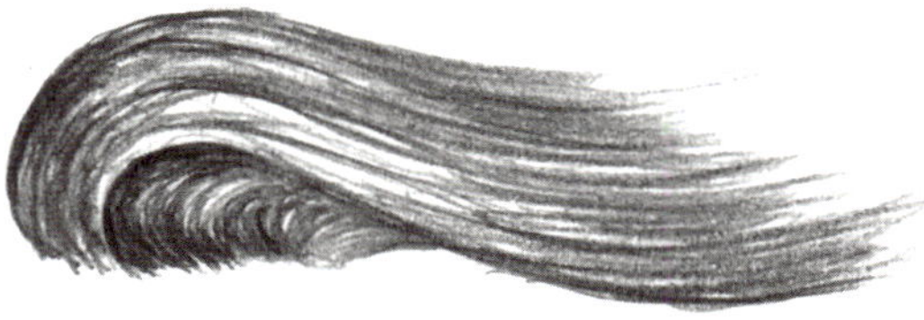

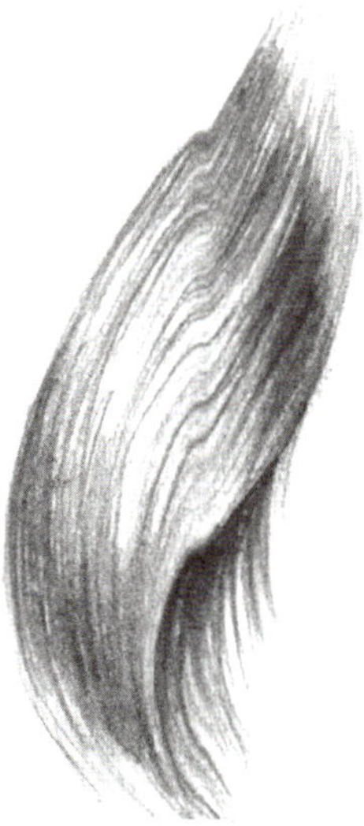

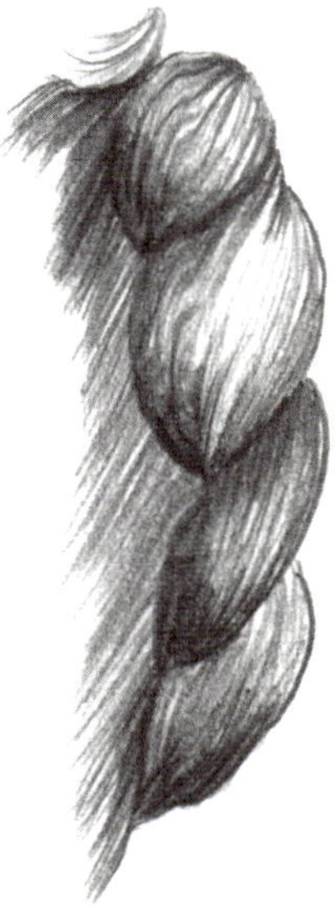

10. 얼굴 그리는 방법

1) 얼굴 그리는 법(정면)

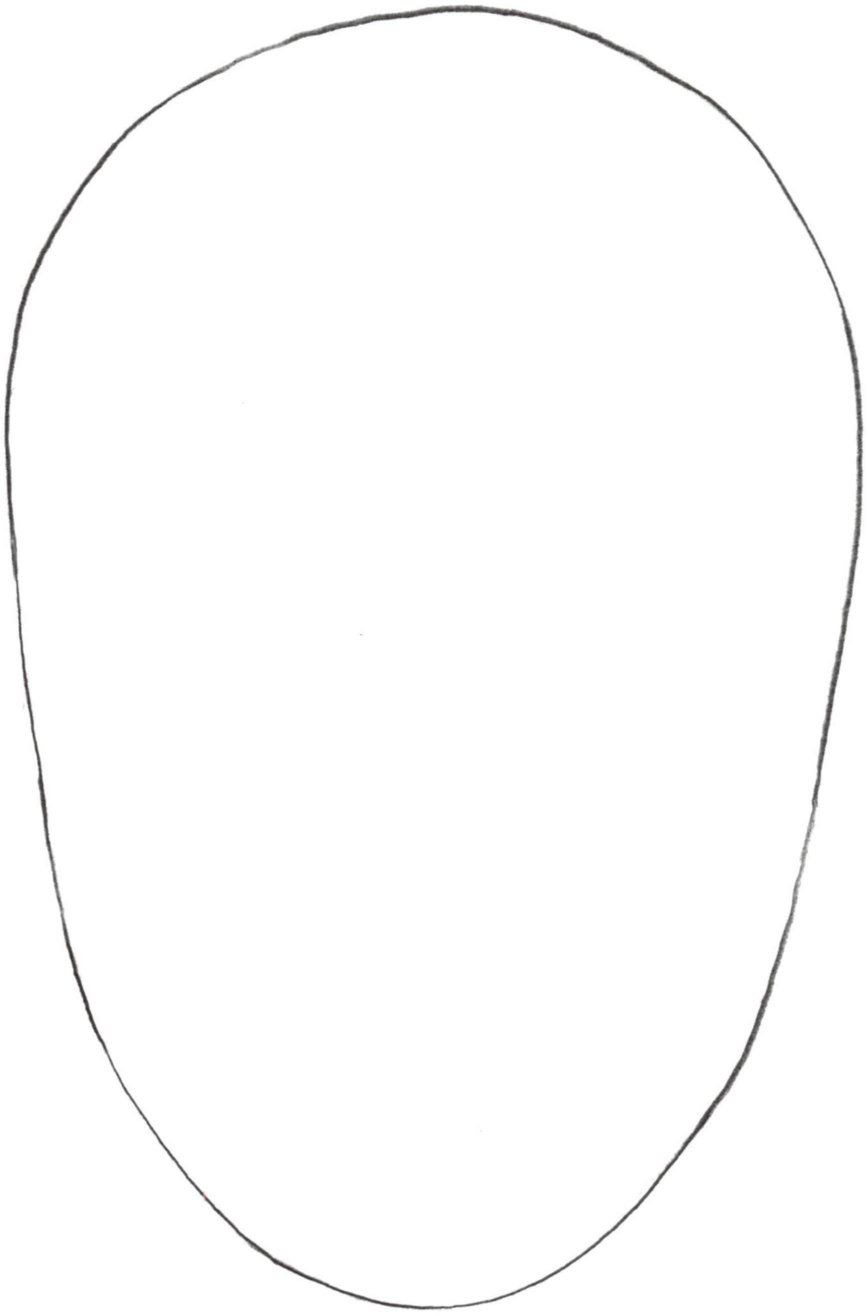

① 얼굴의 프로포션을 생각하며 계란형으로 대략의 윤곽을 잡는다.

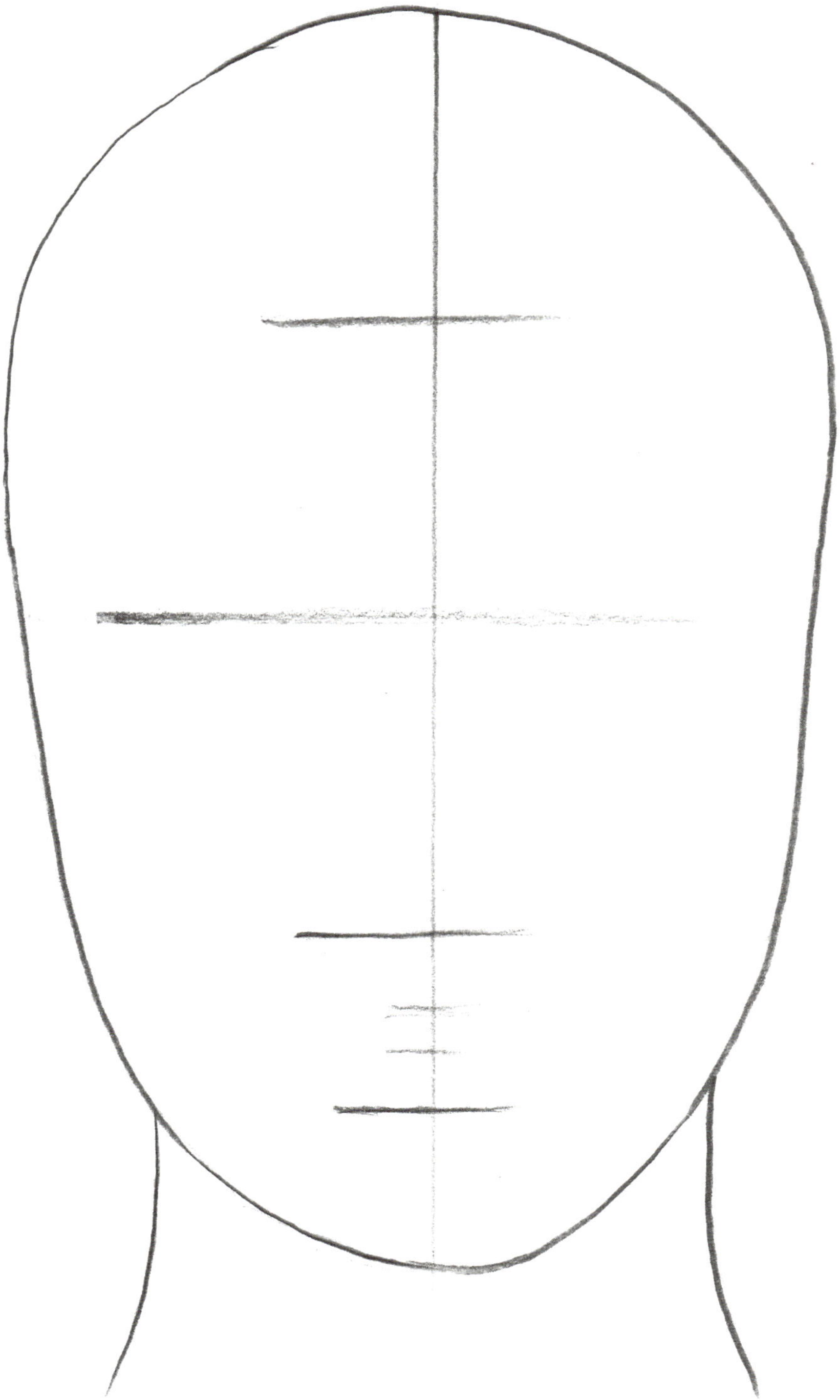

② 얼굴의 중심선을 그리고 얼굴 안의 형태를 생각하며 길이를 4등분하고 목선도 그려 넣는다.

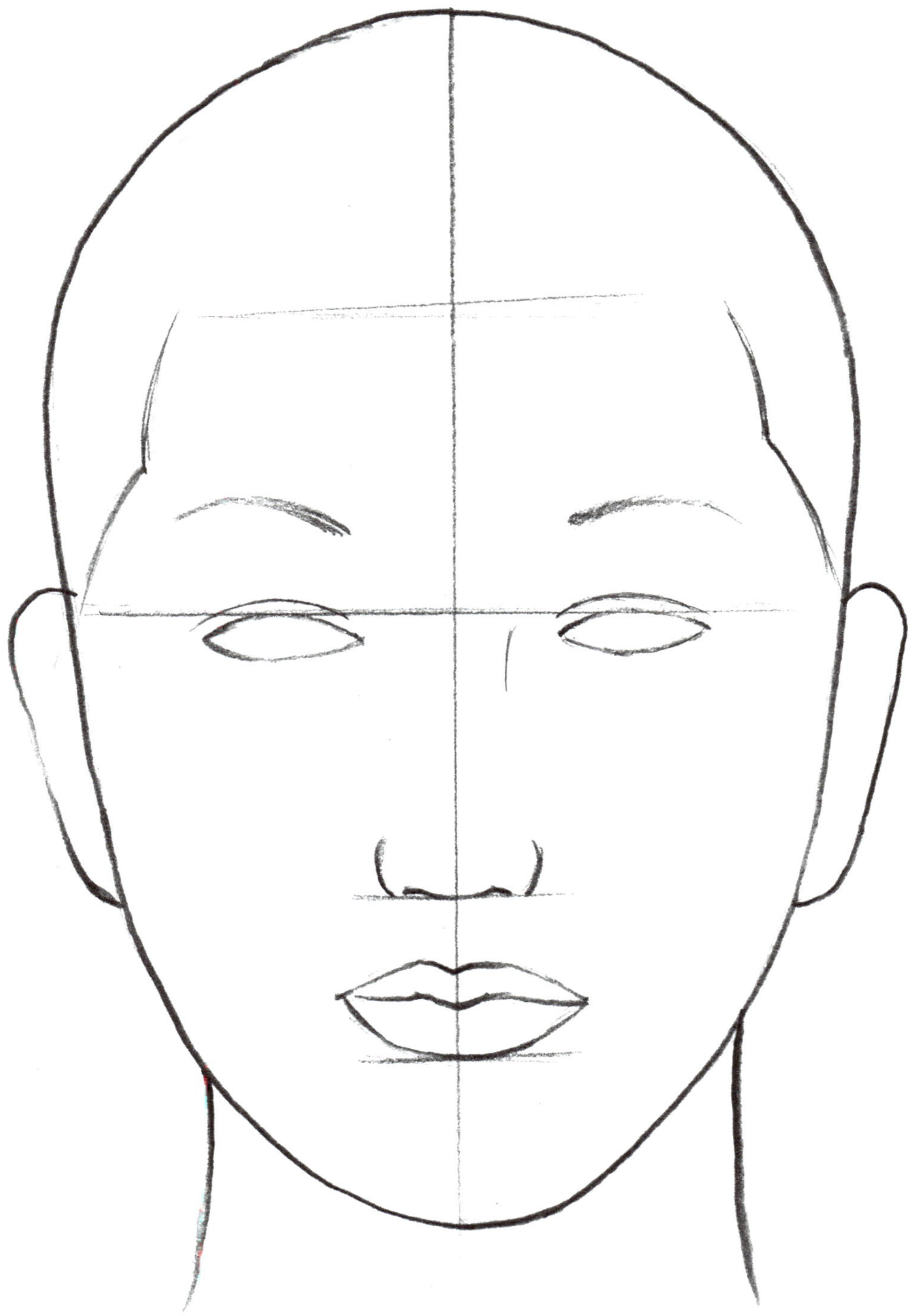

③ 눈, 코, 입, 눈썹 등을 그려 넣는다.

④ 헤어스타일의 모양과 흐름을 그려 넣는다.

⑤ 머리에 음영을 넣고 전체적으로 얼굴을 정리하여 완성시킨다.

2) 얼굴 그리는 법(측면)

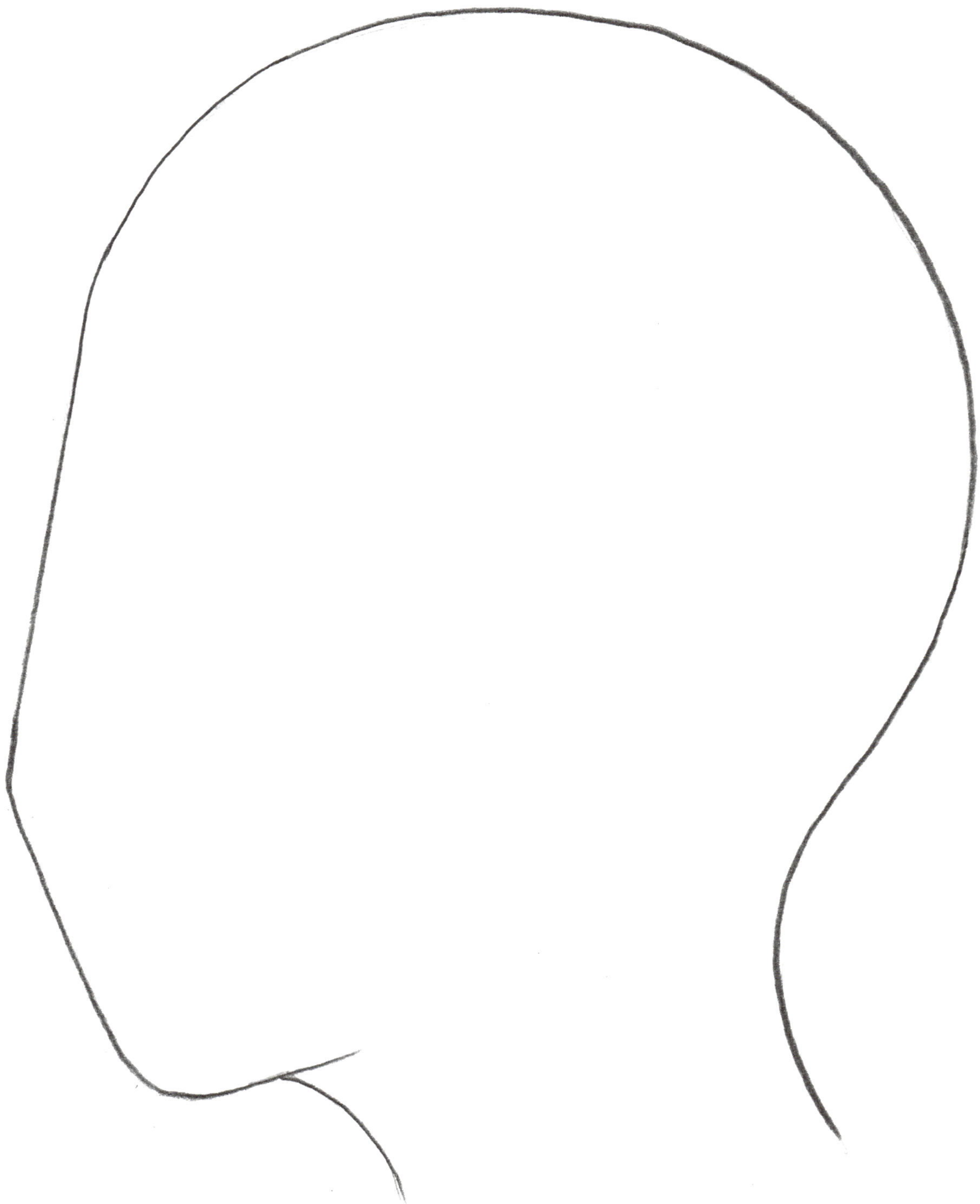

① 측면의 프로포션을 생각하며 대략의 윤곽을 잡는다.

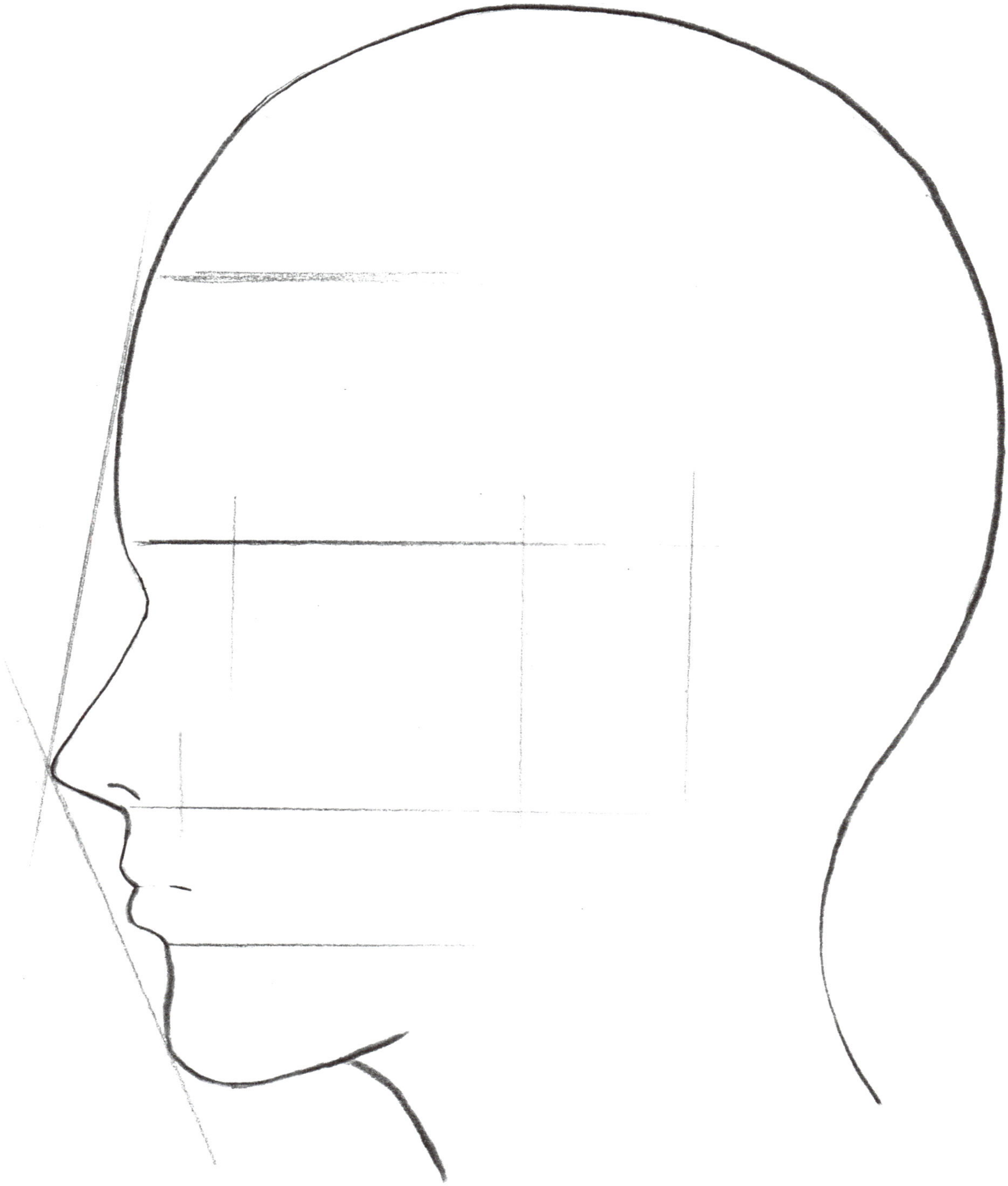

② 머리의 정수리에서 코까지 흐르는 선과 입의 경사를 생각하며 그린다.

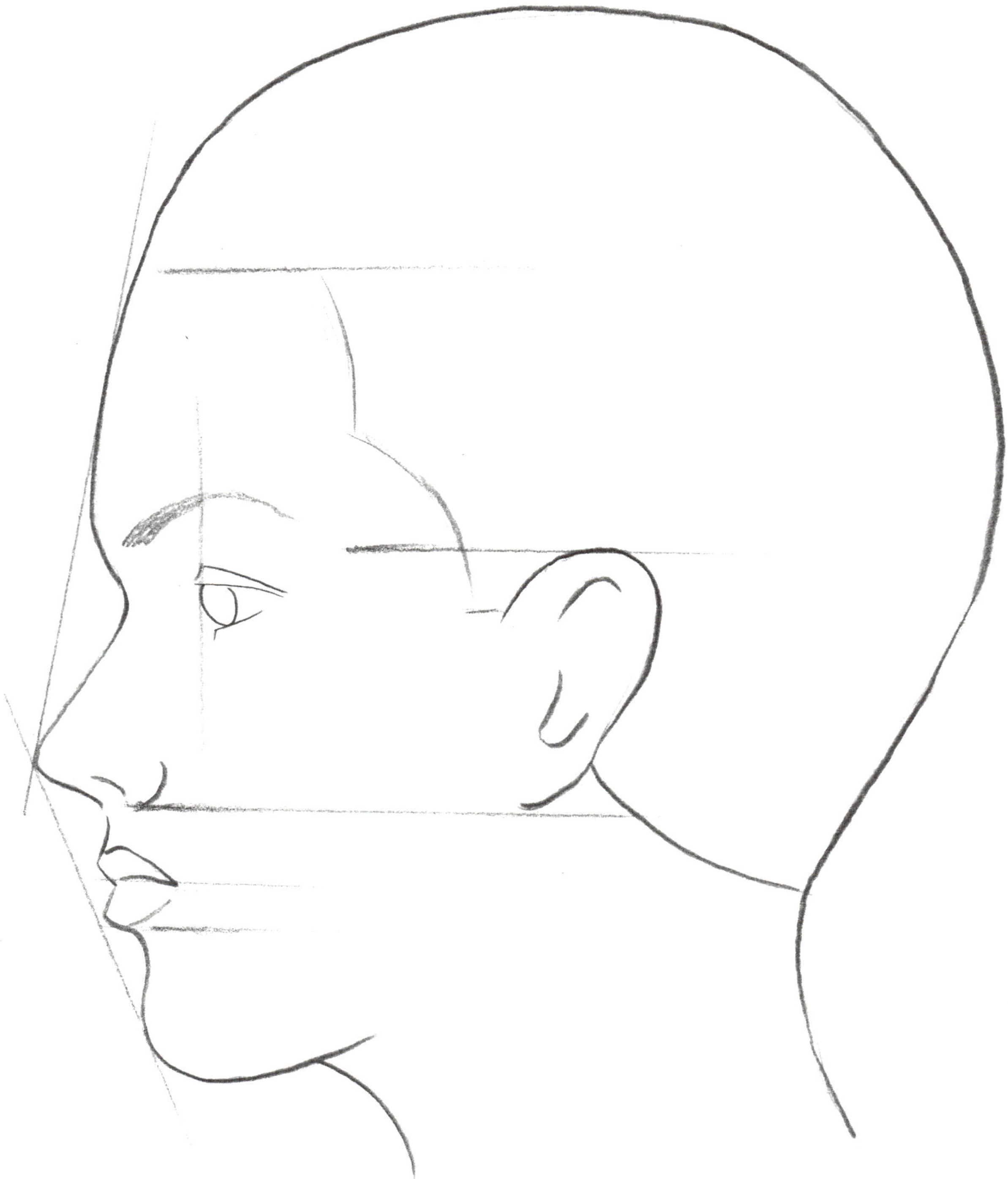

③ 얼굴 내부의 부분들을 프로포션에 맞춰 그려 넣는다.

④ 헤어스타일의 모양과 흐름을 그린다.

⑤ 머리에 음영을 넣고 전체적으로 얼굴을 정리하여 완성시킨다.

3

연령층에 따른 일러스트레이션

1. 유아기
2. 청소년기
3. 청년기
4. 중년기
5. 노년기

유아기

갓난아기의 두부의 프로포션은 성인의 두부와는 좀 다른 점이 있다. 갓난아기의 두부에서는 뼈의 구조가 아직 미발달된 상태이고, 아래턱과 광대뼈나 콧등은 상대적으로 작다. 즉 두개골에 비하여 얼굴의 조직이 작기 때문이다. 따라서 얼굴의 눈썹에서 아래 부분이 두부 전체 면적의 1/4 가량이 된다. 코의 연골이 코뼈보다도 훨씬 발달되어 있기 때문에 작은 코는 대개 위를 향하고 있다. 그것은 콧등이 둥그스름하고 얼굴의 면에 가까운(즉 낮다는 것)탓이다. 윗입술은 좀 길고 발달이 덜된 턱이 들어가서 거의 입술 아래에 가려져 있고, 홍채만은 충분히 발달되어 있기 때문에 두 눈이 크고, 단추처럼 보인다.또한 그림을 그릴 때 눈과 눈 사이를 너무 좁게 취하면 갓난아기의 얼굴이 보기 싫게 보여 그림으로서는 실패한다.

청소년기

이 나이 또래의 어린이들은 활동적이며, 단숨에 청년기에 도달하는 것이 아니어서 어느 정도 단계적으로 성장해 간다. 그리고 이 나이에서는 기질이나 성격이 뚜렷해지기 시작하며, 그것이 표정으로 나타나기 시작한다. 그러므로 그런 특징들을 잘 파악해서 그리는 것이 무엇보다 중요하다.

청년기

비로소 완전한 성인의 얼굴 구조로 윤곽이 잡히는 시기로 이상적인 얼굴 형태가 나온다. 이 시기의 여성은 더욱 여성스럽고, 남성은 더욱 더 남자답게 그리는 것이 중요하며, 얼굴 구조의 프로포션은 앞서 제시한대로 그리면 된다.

4 중년기

이 시기의 특징은 전체적인 얼굴의 살들이 처지는 시기로, 이 때부터는 주름이 생기게 되고 입술도 얇아지며 머리에도 흰머리가 나타나게 되므로, 여러 가지 특징들을 잘 파악해서 그리는 것이 중요하다. 또한 중년의 중후한 느낌과 근육의 노화정도에 따라 연령층을 고려해서 그린다.

5 노년기

노년기의 특징은 얼굴에 노화가 완전히 된 상태로 주름의 표현에 신경 써야 한다. 우선 얼굴을 늙어 보이게 하려면, 근육을 여위게 하고 근육 사이에 생기는 주름을 넣어준다. 광대뼈, 턱의 가장자리, 턱뼈 그 자체에는 늙은 특징이 현저하게 나타나고 코와 귀의 연골은 늙어감에 따라 크게 보인다. 노령의 주된 변화는 볼과 입, 그리고 눈에 나타난다. 먼저 턱의 뼈를 따라 살의 힘이 없어지며, 눈 아래의 그늘진 부분에 주름이 나타나고, 파도와 같은 입술의 선이 사라지며 곧아진다. 입술은 얇아지고, 안쪽으로 그늘지듯이 움직이게 되며 양쪽 눈썹이 튀어나와 보이고, 콧등을 향해 늘어지는데 이마의 옆주름과 미간의 세로주름도 돋보여진다.

유아기(남자)

유아기(여자)

청소년기(남자)

청소년기(여자)

청년기(남자)

청년기(여자)

중년기(남자)

중년기(여자)

노년기(남자)

노년기(여자)

4

재료에 의한 일러스트레이션

1. 연필
2. 색연필
3. 파스텔
4. 수채화 물감
5. 마카

일러스트레이션은 표현 재료에 의해 느낌이 다를 수 있다. 같은 그림이라 하더라도 재료에 의해 표현 방법이나 느낌에는 많은 차이가 있다. 재료에 의한 재질감뿐만 아니라 화면에서 느껴지는 질감 또한 재료에 의해 표현되므로 재료의 특성을 파악하고 이해한다면 보다 효율적인 일러스트 작업이 될 것이다. 따라서 아래에 제시한 재료 이외의 여러 가지 재료들로 표현방법을 익히는 것이 중요하다.

1. 연필

주로 선을 그어 형이나 명암을 표현한다. 연필의 농도는 4H-6B로. H는 단단한 정도를 말하며, B는 진한 정도를 표시한다. 일반적으로 스케치, 데생 등에는 4B, 정밀묘사에는 HB, 2B 등을 사용한다. 휴대가 간편하고, 선묘 및 세부 묘사에도 좋으며, 수정하기가 쉬워 많은 사람들이 애용하고 있다. 일러스트레이션에 있어서 가장 많이 사용하는 재료이며 종이와 여러 가지 기법에 의해 다양하게 표현할 수 있다.

2. 색연필

선묘를 하기에 부드러우며, 간단한 채색을 하기에도 좋다. 유성과 수성이 있으며, 사용 목적에 따라 선택한다. 수성의 경우 겹치는 효과와 번짐의 효과 등 수채화에 나타나는 효과를 볼 수 있으며 다양한 표현을 할 수 있다.

3. 파스텔

안료를 물에 개어 굳힌 것으로, 연필보다 재질이 약하며, 색의 혼합이 어렵기 때문에 완성 후에는 정착액을 뿌린다. 부드럽고 고운 색채 효과를 낼 수 있으며, 혼색이 잘 되지 않아 색 수가 많다(화면 위에서의 혼색 가능). 연필과 같이 많이 쓰는 재료이며, 일러스트레이션에 있어서 다양한 질감을 나타낼 수 있다.

4. 수채화 물감

도구의 사용이 간편하며 빨리 마르는 장점이 있다. 번짐의 효과를 적절히 이용하는 것도 효과적이다. 뷰티 일러스트에서는 많이 쓰이는 재료는 아니나 수채화 특유의 질감이 좋아 애용하는 일러스트레이터들이 많이 있다.

5. 마카

지우거나 수정이 불가능한 결점이 있으나, 강하고 선명한 색상의 효과를 얻을 수 있다. 또한 여러 가지 색과 겹침의 효과가 있어 다양한 표현이 가능한 장점이 있다.

연필

색연필

파스텔

수채화 물감

마카

5

시대별 헤어 및 메이크업 일러스트레이션

1. 이집트
2. 로마
3. 중세
4. 르네상스
5. 바로크
6. 로코코
7. 근대

고대 이집트에서부터 근대에 이르기까지 헤어와 메이크업은 많은 변화를 거쳐왔다. 따라서 일러스트레이션을 하기 전에 그런 시대적 특성을 이해하는 것이 무엇보다 중요하며 그 시대에 해당하는 헤어와 메이크업의 특징에 맞게 그리는 것이 중요하다.

1. 이집트

이집트 스타일의 특징은 입술은 빨갛고 눈은 짙게 검정색 아이라인으로 칠하고 눈썹을 관자놀이까지 그린 것이 특징이며, 아이라인 끝을 물고기 모양으로 그리기도 했다. 아이 섀도우는 블루, 그린 계열로 짙게 그렸다.

당시의 블랙홀은 지금까지도 즐겨 사용되고 있고, 아이섀도우 색에 맞추어 가발을 초록, 파랑, 빨강 등으로 염색하기도 하였다. 아이 메이크업은 검은 라인으로 눈 주위에 문양을 그려 눈 안쪽에서 바깥쪽으로 굵고 진하게 강조함으로써 클레오파트라 스타일이 생겨났으며, 당시 눈썹과 속눈썹 또한 검고 길게 표현했고 볼과 입술은 붉게 표현했다.

2. 로마

로마 스타일의 특징은 포인트를 눈에 두고, 선이 뚜렷하고 크게 화장하여 눈동자의 아름다움을 강조했다. 눈썹은 뚜렷하고 진하게 마무리했으며, 피부의 아름다움과 균형미가 미의 최대조건이었다. 그리스, 로마 시대로 접어들면서 비로소 입술 화장이 선보였고 눈썹은 검게 칠했으며 아이 메이크업에서는 레디쉬 브라운을 눈두덩에 발랐다. 아이라인은 위 아래로 진하게 표현했으며, 입과 볼에는 브라우니쉬 레드로 연출하였다.

3. 중세

중세 스타일의 특징은 그리스도교 모임으로 화장이 쇠퇴하였다가 말기에 다시 활성화되어 흰 피부색을 강조하고 어두운 색으로 머리카락과 눈썹을 강조하였다.

4. 르네상스

르네상스 스타일의 특징은 이 시기에는 섬세함을 강조한 얼굴이 이상적인 여성상이 되었으며, 주름살을 보이지 않게 하는 두껍고 진한 화장이 귀족사회에 유행하기 시작했다. 또한 창백함이 주류를 이루었으며, 개인적 취향에 관계없이 획일화되었던 시대이기도 하다. 특히 흰 납가루를 이용해 창백한 얼굴을 표현했는데, 이런 하얀 피부에 로즈-레드색을 볼과 입술에 바르는 메이크업이 전 유럽을 강타했다.

5. 바로크

바로크 시대는 뜻밖에도 이중 턱과 부은 눈이 아름답게 여겨져 메이크업으로 더욱 강조하기도 했다. 또한 붉은 연지를 칠한 뺨, 장미꽃 같은 입술, 살찌고 둥근 용모를 아름다운 여성상으로 삼았다. 눈썹을 미는 것이 유행하였고 17세기 후반에는 얼굴에 패치를 붙이는 것이 유행했는데, 이 패치는 둥근 모양, 별 모양, 초생달 모양으로 오려서 풀로 붙였다. 패치는 얼굴에 광택을 더해주기 위해 사용된 것으로 여겨졌는데 잘 떨어졌기 때문에 상자에 넣어 가지고 다니다가 떨어지면 붙였다고 한다.

6. 로코코

로코코 스타일의 특징은 볼 화장에서는 엘리자베스 시대에서 볼 수 있었던 스타일로, 볼 중앙을 강조하는 포인트 메이크업을 했다. 심하게는 우리 나라의 곤지와 같이 뚜렷해, 둥근 모양 또는 삼각형, 대각선 모양으로 강하게 표현하였다.

7. 근대

19세기 메이크업 경향은 보다 자연스러운 아름다움과 한 듯 만 듯한 모습을 추구하게 되었는데 빅토리아 여왕시대에 이르러서는 메이크업을 하지 않은 모습에 입술이나 볼에 연한 색을 쓰는 것을 선호하기도 하였다. 피부에 문제를 일으키는 화장품을 사용하지 않는 대신 볼을 꼬집거나 입술을 깨물어서 붉은 기운을 내는 등 화장품을 거의 사용하지 았다. 피부 표현 또한 엘리자베스 시대와 르네상스 시대와는 비교될 정도로 자연스러운 피부색이 유행하였다.

이집트

로마

중세

르네상스

바로크

로코코

근대

6

장르별 일러스트레이션

1. 웨딩
2. 한복
3. 한국무용
4. 시즌별 메이크업
5. 환타지 메이크업

웨 딩

한 복

한국 무용

시즌별 메이크업(봄, 여름)

시즌별 메이크업(가을, 겨울)

환타지 메이크업 I

환타지 메이크업 II

7

작품을 위한 시안 일러스트레이션

1. 봄의 환타지
2. 불의 여신
3. 변화의 속삭임
4. 바다의 신비
5. 여전사 잔다르크

봄의 환타지

주제	봄의 환타지
작품설명	그린과 옐로우의 생동감과 설레임, 블루의 청명한 역동감, 레드의 침착한 사색, 화이트의 냉정한 고요, 우리는 그들을 봄의 환타지라 부른다.
Make-up	베이스는 얼굴 색보다 환한 밝은 핑크계열로 표현하고 아이섀도우는 연두색의 푸르고 신선한 느낌으로 표현한다. 아이라인을 강조하고 립스틱은 모델의 이미지와 테마에 맞게 붉은 계열로 표현한다.
Hair	요정의 아름다움을 표현하기 위해 업스타일로 표현하고 환상적인 느낌을 주기 위해 인조 머리를 붙여 신선한 느낌을강조한다. 머리에 꽃 장식을 함으로써 꽃이 주는 화사함과 요정이라는 느낌을 잃지 않도록 화사하게 표현한다.
의상	봄의 환타지란 테마에 맞게 하늘거리는 푸른색 의상으로코디하고 헤어와 메이크업이 돋보이도록 너무 과장된 액세서리는 가급적 피한다.
전체적 느낌	봄꽃 요정의 느낌으로 여성의 귀여움과 우아함을 함께 강조하면서 꽃이 주는 아름다움을 표현한다

봄의 환타지

불의 여신

주제	불의 여신
작품설명	불의 여신을 이미지로, 강렬함과 여신의 아름다움을 동시에 표현한 작품이다. 불이 나타내는 이글거리는 강렬한 이미지와 여신의 우아하고 아름다움을 동시에 표현한다.
Make-up	베이스는 얼굴 색보다 한 톤 어둡게 표현하고, 아이섀도우는 붉은 색의 이글거리고 강렬한 불의 이미지로 표현한다. 눈 꼬리와 앞머리를 강조하며 눈 꼬리는 치켜올리고 눈앞머리는 상대적으로 내려 그려, 지적이면서도 강렬함을 표현한다. 립스틱은 전체적인 느낌을 중화시키기 위해 그린색으로 표현하고, 이마 위에 불의 여신을 상징하는 페이스페인팅을 한다.
Hair	불이 타오르는 듯한 느낌을 주기 위해 서로 엇갈리는 듯한 업스타일로 연출하고 머리 위를 강조한다. 붉은 색의 염색으로 불의 이미지를 극대화시키며, 은색 제품의 액세서리로 불의 이미지에 포인트를 준다.
의상	불의 여신이란 테마에 맞게 붉은 색의 심플한 의상으로 코디하고 의상에 불의 이미지를 그려 불의 여신이란 느낌을 알린다. 그런 반면 귀에 불의 이미지와 상반된 차가운 계열의 소품을 이용해 여신의 환상적인 느낌을 표현한다.
전체적 느낌	불의 여신이란 테마에 맞게 붉은 계열로 전체적인 느낌을 주고 부분적인 액세서리나 메이크업으로 여신의 우아하고 아름다움을 표현한다.

불의 여신

변화의 속삭임

주제	변화의 속삭임
작품설명	우리는 인간으로 태어나서 대자연 속에 이끌려 운명처럼 자연의 변화에 살아왔다. 그러한 거역할 수 없는 삶을 살아가야 하는 현실에서 자연으로 떠나는 인체에 면과 선을 이용하여 예술적으로 표현한다.
Make-up	베이스는 밝은 화이트로 표현하고 눈썹을 차가운 블루로 표현한다. 변화의 느낌을 강조하기 위해 언더라인을 강조하며, 얼굴을 가로지르는 차가운 파란 선을 그라데이션 시킨다. 입술은 태초의 생성의 느낌으로 노랑과 빨강의 조화로 자연스러움보다 강한 느낌의 펄 제품을 사용한다.
Hair	태초의 고요함을 깨듯 뒷머리를 삼단으로 업스타일 시키고 피스를 붙여 장식한다. 머리색은 자연스러운 태초의 모습으로 갈색 톤보다 한 톤 정도 밝은 브라운으로 포인트를 준다.
의상	모든 변화는 자연으로부터 나오는 자연의 이치에 따라 그린 색의 화려함보다는 단정하면서도 우아한 멋을 느낄 수 있는 천을 이용해 신비스러운 이미지로 연출한다.
전체적 느낌	태초의 아름다운 초자연의 여인으로 탄생하는 느낌으로 자연의 변화와 그 속에서 살아가는 인간만물의 변화를 생동감 있게 표현하는 것이 포인트다.

변화의 속삭임

바다의 신비

주제	바다의 신비
작품설명	바다의 느낌을 표현한 것으로 파도치는 이미지와 바다속에 살아 숨쉬는 여러 생물들을 조형요소인 선으로 색과 이미지화 시킨다.
Make-up	베이스는 밝은 화이트로 표현하고 얼굴 전체에 파도의 형상을 나타내는 그림을 그리고 그라데이션 시킨다. 아이라인을 강조하고 아이섀도우는 차가운 블루로 눈 전체를 엷게 펴 바른다. 립스틱은 전체적인 느낌이 너무 차가운 느낌으로 가지 않게 붉은 계열의 색으로 표현하되 신비감을 주기 위해 광택이 나는 것으로 표현한다.
Hair	바다 속에 있는 소라 모양을 형상화 한 스타일로 뒷부분을 강조한 소라 모양의 업스타일이다. 그린 색으로 머리 전체를 표현하고 부분부분 금색으로 포인트를 주고 마무리한다.
의상	바다의 이미지답게 하늘색의 우아하면서도 하늘거리는망사 천으로 표현한다. 옷의 전반적인 느낌을 사선 모양의 프릴을 이용해 파도의 형상을 강조한다. 옷의 밑 부분은 정리되지 않는 자연스러움을 강조하기 위해 손으로 뜯어서 표현한다.
전체적 느낌	바다의 시원하면서도 웅장한 느낌을 강조한 것으로 파도의 물결치는 모습과 바다 안의 신비스러운 생명의 기운을 느낄 수 있는 작품이다.

바다의 신비

여전사 잔다라크

주제	여전사 잔다르크
작품설명	여전사 잔다르크의 느낌으로 여성의 부드러운 이미지와 남성의 강인함을 조화시켜 여전사로써의 강한 모습을 형상화시킨 작품이다.
Make-up	베이스는 강인함을 나타내기 위해 약간 어두운 색으로 표현하고 눈썹을 상승형으로 그린다. 아이라인을 강조하고 아이섀도우는 강렬한 느낌의 붉은 색으로 표현하되 눈 꼬리 부분을 강조, 치켜올려 그린다. 치크를 강조하되 강인함을 나타내기 위해 선적인 느낌으로 표현한다. 립스틱은 차가운 이미지에 맞는 푸른색 계열로 표현하고 이마 위에 전사의 느낌을 상징한 그림을 그린다.
Hair	여전사의 느낌으로 강한 웨이브로 정돈된 느낌이 아닌 엉킨 듯한 풀어헤친 모습이 포인트다. 귀에서 이어지는 머리부분에 장식을 하여 전사의 후예다운 느낌을 강조한다.
의상	전사의 느낌에 맞는 가죽으로 전체적인 느낌을 이끌어 내며 부분적으로 철 같은 금속 제품으로 포인트를 준다. 전반적으로 깔끔한 의상이 아닌 중성적인 느낌으로 표현하되 전사의 느낌을 최대한 살린다.
전체적 느낌	전사의 후예로서 강인한 느낌으로 남성과 여성의 중간인 중성적인 느낌으로 강인함과 부드러움을 동시에 표현한 작품이다.

여전사 잔다르크

8

참고작품

참고 문헌

디자인드로잉	김공웅, 박혜경	2000	태학원
미술해부학	최병길	1996	미진사
소묘	J.M. 페라몽	1992	미진사
소묘의 이해	이강길	1991	미진사
알기쉬운 얼굴과 손의 기법	A. 루미스	1995	이종문화사
연필 인물화	백연흠	1994	연필화
연필로 그린다	편집부	1996	국제
연필화 입문	M. Torino	1993	삼호미디어
일러스트레이션	A루이스	1986	신도출판사
자화상의 기법	J.M. 페레온	1989	이종문화사
정밀묘사를 위한 연필뎃생	김태호	1997	조형사
초보자를 위한 뎃상 교실	R. de. Reyna	1993	삼호미디어
초보자를 위한 연필화 교실	David Lewis	1993	삼호미디어
파스텔 & 색연필	YOU KUSANO	1999	조형사
헤어와 메이크업 일러스트레이션	라사라교육개발원 편집부	1999	신미문화 정보
ABYSS	Hirosh Nonami	1996	FRANCE
TOKYO MUSASHINO ACADEMY OF ART	Hiroshi Miaswa		

헤어 & 메이크업 일러스트레이션

2012년 8월 30일 초판발행
2018년 3월 20일 초판2쇄발행

지은이 : 이진용
펴낸이 : 이상태
펴낸곳 : 청구문화사
주소 : (03706) 서울특별시 서대문구 성산로11길 15
전화 : 02) 332-0541(代) FAX : 02) 337-9577
등록 : 1990년 11월 2일 제9-247호

가격 25,000원

ISBN 978-89-5616-508-0 93590